AF825866

Prüfungsfragenkatalog für den Schweißer

Der Fragenkatalog enthält mehr als 800 Fragen zu allen Wissensgebieten der Fachkunde für den Schweißer. Es handelt sich um Multiple-choice-Fragen mit jeweils vier Antworten, von denen pro Frage nur eine richtig ist. Der Lösungsschlüssel am Ende des Buches gibt zu jeder Frage die richtige Antwort an.

Der Fragenkatalog ist unterteilt in die Blöcke

- Schweißprozesse
- Werkstoffe / Schweißzusatzwerkstoffe
- Arbeitssicherheit
- Nahtvorbereitung
- Arbeitstechnik
- Qualitätssicherung.

Er kann zur Überprüfung des eigenen Wissens in Vorbereitung auf Schweißerprüfungen aller Art eingesetzt werden.

Bearbeitung:
Fachgruppe 1.1 „Medien“
der Arbeitsgruppe „Schulung und Prüfung“ im Ausschuss für Bildung des DVS

Herausgeber:
DVS – Deutscher Verband für Schweißen und verwandte Verfahren e.V., Düsseldorf

Artikelnr.: 600092 I ISBN: 978-3-96144-273-7 I ISBN E-Book: 978-3-96144-274-4

7. Auflage 2024

Titelbild: weyo – stock.adobe.com

Inhaltsverzeichnis

Schweißprozesse

Nutzung der Elektrizität beim Lichtbogenschweißen

1. Welche der folgenden Aussagen ist richtig?

A) Drehstrom ist ein Gleichstrom
B) Drehstrom ist eine Verkettung von drei Wechselströmen
C) Drehstrom hat die dreifache Frequenz von Wechselstrom
D) Drehstrom hat keinen Neutralleiter

2. Die Wärmewirkung des Lichtbogens ist umso höher

A) je mehr Elektronen auf das Werkstück prallen
B) je weniger Elektronen auf das Werkstück prallen
C) je mehr Elektronen auf die Katode prallen
D) je niedriger die Stromstärke ist

3. Welche der folgenden Aussagen trifft für das Lichtbogenhandschweißen zu?

A) Das Schweißbad wird durch von außen zugeführtes Schutzgas geschützt
B) Die Elektrode ist nicht stromführend
C) Die Umhüllung der Stabelektrode beeinflusst den Werkstoffübergang
D) Es wird kein Zusatzwerkstoff verwendet

4. Welche Aufgabe hat der Transformator in der Schweißstromquelle?

A) wandelt die niedrige Netzspannung in eine hohe Schweißspannung um
B) wandelt den hohen Netzstrom in einen niedrigen Schweißstrom um
C) wandelt den niedrigen Netzstrom in einen hohen Schweißstrom um
D) wandelt Drehstrom in Gleichstrom um

5. Welches Formelzeichen steht für die Stromstärke?

A) U
B) R
C) I
D) S

6. Welche Einheit steht für die elektrische Spannung?

A) V
B) U
C) I
D) W

7. Was trifft für Drehstrom zu?

A) Der Strom fließt nur in einer Richtung
B) Es gibt nur zwei stromführende Leiter
C) Drei Ströme sind mit einer bestimmten zeitlichen Verschiebung miteinander verkettet
D) Die Stromrichtung ist gleichbleibend

8. Bei welcher Stromart kann der Lichtbogen magnetisch abgelenkt werden (Blaswirkung)?

A) Drehstrom
B) Wechselstrom
C) Gleichstrom
D) Hochfrequenzstrom

9. Wovon hängt der Strom ab, der bei Berührung eines Leiters durch den menschlichen Körper fließt?

A) von der Spannung im Leiter und dem elektrischen Widerstand des Menschen
B) von der Dauer der Berührung
C) vom Druck auf den Leiter
D) vom Alter des Menschen

10. Was bewirkt die Spannung beim Schweißprozess?

A) verringert die Anzahl der Elektronen
B) beschleunigt die Elektronen auf hohe Geschwindigkeit
C) lenkt die Elektronen ab
D) führt zur Umkehrung der Polung

11. Wodurch entsteht die Wärmewirkung des Lichtbogens?

A) durch die Richtung der Elektronen
B) durch die Art der Elektronen
C) durch den Pluspol am Werkstück
D) durch Aufprall der Ladungsträger auf das Werkstück

12. Die Polung der Stabelektrode hat Einfluss auf:

A) Stromstärke
B) Einbrandverhalten
C) Schweißspannung
D) Schweißgeschwindigkeit

13. Was ist ausschlaggebend für die Wahl der Schweißstromstärke?

A) die Sauberkeit der Werstückoberfläche
B) die Schweißposition
C) die Länge der Schweißnaht
D) die Schweißerprüfung des Schweißers

14. Bei höherer Stromstärke

A) fließen mehr Elektronen
B) fließen weniger Elektronen
C) wird das Einbrandverhalten nicht beeinflusst
D) prallen weniger Elektronen auf den Pluspol

15. Welche Wirkung des elektrischen Stromes ist für den Lichtbogen maßgebend?

A) Wärmewirkung
B) Magnetische Wirkung
C) Chemische Wirkung
D) Elektrische Wirkung

Schweißgeräte, Zubehör

1. Welche Aufgabe hat ein Gleichrichter?

A) begrenzt die Schweißstromspitzen
B) wandelt Gleichstrom in Drehstrom um
C) wandelt niedrigen Netzstrom in hohe Schweißspannung um
D) wandelt Drehstrom in Gleichstrom um

2. Was zeichnet eine primär getaktete Transistorstromquelle aus?

A) keine Gleichrichter als Bauteile erforderlich
B) geringe Masse durch Hochfrequenz-Transformator
C) extrem hohes Gewicht
D) gleichzeitiges Lichtbogenhandschweißen und Metall-Inertgasschweißen möglich

3. Was passiert, wenn die Schweißelektrode nach dem Kurzschluss vom Werkstück abgehoben wird?

A) Spannung fällt, Strom steigt
B) Spannung steigt, Strom steigt
C) Spannung steigt, Strom fällt
D) Spannung fällt, Strom fällt

4. Was verbirgt sich hinter dem Symbol „ED"?

A) Elektrodendurchmesser
B) Elektronische Datenverarbeitung möglich
C) Symbol für eine Stromquellenkennlinie
D) Einschaltdauer

5. Wovon ist die Durchflussmenge bei einer Staudüse abhängig?

A) vom Gasdruck
B) vom Druck in der Flasche
C) von der Größe der Gasschläuche
D) vom Ort, wo die Staudüse eingebaut wird, im Druckminderer oder in der Schutzgasleitung

6. Was gehört zum Schweißzubehör?

A) Schweißstromquelle
B) Werkstückklemme
C) Werkstück
D) Netzanschluss

7. An welche Netzspannung kann eine Schweißstromquelle angeschlossen werden?

A) Das spielt überhaupt keine Rolle
B) Mindestens 600 V
C) Je nach Schweißstromquelle an 230 V oder 400 V
D) Maximal 48 V

8. Welche allgemeinen Anforderungen werden an Schweißstromquellen gestellt?

A) Schweißstrom niedrig, Schweißspannung hoch
B) Schweißstrom hoch, Schweißspannung niedrig
C) Schweißstrom niedrig, Schweißspannung niedrig
D) Schweißstrom hoch, Schweißspannung hoch

9. Welche Schweißstromquelle liefert Wechselstrom?

A) Schweißtransformator
B) Schweißgleichrichter
C) Schweißgenerator (Umformer)
D) Diodenumrichter

10. Welche Polung hat der Schweißer an seiner Stromquelle einzustellen?

A) Die Polung spielt keine Rolle
B) Die Polung wird vom Hersteller angegeben und ist auf der Verpackung des Schweißzusatzes vermerkt
C) Der Schweißzusatz ist immer am Minuspol angeschlossen
D) Die Schweißposition bestimmt die Polung des Schweißzusatzes

11. Was passiert mit Spannung und Stromstärke bei Berühren des Werkstücks mit der Elektrode?

A) Spannung steigt, Stromstärke fällt
B) Spannung fällt, Stromstärke fällt
C) Spannung steigt, Stromstärke steigt
D) Spannung fällt, Stromstärke steigt

12. Die Länge eines normalen Lichtbogens soll in einem bestimmten Verhältnis zum Kernstabdurchmesser der Elektrode stehen. Wie groß ist dieses Verhältnis bei einer rutilumhüllten Stabelektrode?

A) 0,5 · Kernstabdurchmesser
B) 1,0 · Kernstabdurchmesser
C) 1,5 · Kernstabdurchmesser
D) 2,0 · Kernstabdurchmesser

13. Welche Parameter werden vom Schweißer an der Schweißstromquelle eingestellt?

A) Beim Lichtbogenhandschweißen wird nur der Drahtvorschub eingestellt
B) Beim Metall-Aktivgasschweißen wird die Spannung eingestellt, die Stromstärke wird über den Drahtvorschub geregelt
C) Die Spannung ist immer konstant, die Stromstärke ändert sich mit der Lichtbogenlänge
D) Beim Wolfram-Inertgasschweißen bleiben Spannung und Stromstärke immer konstant

14. Ampere ist die elektrische Einheit für

A) Spannung
B) Schweißgeschwindigkeit
C) Drahtvorschub
D) Stromstärke

15. Bei welcher Einschaltdauer (ED) ist der Schweißstrom am niedrigsten?

A) 15 % ED
B) 35 % ED
C) 60 % ED
D) 100 % ED

16. Welche Aufgabe hat der Druckminderer an einer Schutzgasflasche?

A) Schutzgasreinigung und Vorwärmung
B) Hohen Vordruck auf Hinterdruck (Arbeitsdruck) reduzieren und konstant halten. Die Anzeige kann am Manometer oder Messrohr abgelesen werden.
C) Das Gewicht des Schwebekörpers bestimmt den Gasdruck und die Durchflussmenge
D) Der Druckminderer sorgt immer dafür, dass der Flaschendruck auch gleichzeitig Arbeitsdruck ist

17. Welche Schweißstromart liefert ein Schweißtransformator?

A) Wechselstrom
B) Gleichstrom
C) Drehstrom
D) Pulsstrom

18. Warum kann der Schweißstrom nicht direkt vom Kraftstromnetz entnommen werden?

A) Am Kraftstromnetz hängende Motoren würden unruhig laufen
B) Die Leitungsquerschnitte müssten erst vergrößert werden
C) Die Spannung ist zu hoch
D) Die Stromstärke ist zu hoch

19. Wie verhält sich die Schweißspannung, wenn der Schweißer den Lichtbogen verlängert?

A) Die Schweißspannung wird kleiner
B) Die Schweißspannung bleibt konstant
C) Die Schweißspannung geht auf 0 V zurück
D) Die Schweißspannung wird größer

20. Was bedeutet Schweißspannung?

A) Elektrische Spannung während der Lichtbogenbrennzeit
B) Spannung beim Wechseln der Elektrode
C) Spannung beim Kurzschluss
D) Elektrische Spannung beim Zünden des Lichtbogens

21. Wodurch entsteht beim Lichtbogenhandschweißen ein Kurzschlussstrom?

A) Wenn der Lichtbogen abreißt
B) Wenn die Schweißstromquelle falsch gepolt ist
C) Wenn die Stabelektrode das Werkstück berührt
D) Wenn der Lichtbogen sehr kurz gehalten wird

Schweißprozess Metall-Schutzgasschweißen

1. Wonach wird die Drahtförderrolle ausgewählt?

A) nach der Länge des Schlauchpaketes
B) nach dem Drahtelektrodendurchmesser
C) nach der Vorbiegung der Drahtelektrode
D) nach der Spulengröße

2. Was ist die Folge, wenn das Stromkontaktrohr einen zu großen Bohrungsdurchmesser aufweist?

A) Drahtvorschub wird schwergängig
B) Drahtelektrode knickt innerhalb des Stromkontaktrohrs
C) Stromübergang in die Drahtelektrode wird verbessert
D) Stromübergang in die Drahtelektrode wird verschlechtert

3. Warum sollte nicht mit stark verunreinigter Gasdüse geschweißt werden?

A) zuviel Schutzgas strömt aus
B) Schutzgasstrom wird verwirbelt
C) Stromübergang im Kontaktrohr wird unterbrochen
D) Lichtbogen wird seitlich abgelenkt

4. Bis zu welcher maximalen Drahtförderlänge ist die Kompaktanlage einsetzbar?

A) 2 m
B) 5 m
C) 10 m
D) 15 m

5. Welche Wartungsarbeiten darf nur eine Elektrofachkraft durchführen?

A) Schweißanlage vom Netz trennen
B) Umschalten auf andere Netzspannungen
C) Schraub- und Klemmverschlüsse nachziehen
D) Schweißstromquelle mit trockener Druckluft ausblasen

6. Bei welcher MSG-Schweißanlage befindet sich das Drahtvorschubsystem weder im Brenner noch in der Schweißanlage?

A) Kompaktanlage
B) Universalanlage
C) Kleinspulenanlage
D) Push-Pull-Anlage

7. Welche Aussage zur MSG-Schweißanlage ist richtig?

A) Höhe der Schweißspannung wird entsprechend der Schweißaufgabe eingestellt
B) Höhe der Schweißspannung wird über den Drahtvorschub eingestellt
C) Schweißstrom ist in der Regel Wechselstrom
D) Minuspol liegt in der Regel an der Drahtelektrode

8. Welche Aufgabe hat der Gleichrichter in einer MSG-Schweißanlage?

A) erhöht den Netzstrom
B) verringert die Netzspannung auf die Schweißspannung
C) wandelt Wechselstrom um in Gleichstrom
D) glättet Stromspitzen im Schweißstromkreis

9. Wie wird der Schweißbrenner beansprucht?

A) nur mechanisch
B) nur thermisch
C) er wird mechanisch und thermisch nur gering beansprucht
D) er wird mechanisch und thermisch hoch beansprucht

10. Welche Aussage zur Drahtführungsseele ist richtig?

A) Abrieb innerhalb der Drahtführungsseele mit Wasser ausspülen
B) Abrieb ausschließlich mit Argon ausblasen
C) Drahtführungsseele passend zur Schweißstromhöhe wählen
D) Drahtführungsseele passend zum Elektrodendurchmesser wählen

11. Der Schweißer schweißt mit einer Fülldrahtelektrode unter Schutzgas. Was sollte beim Drahtvorschubsystem beachtet werden?

A) es sollte bevorzugt ein Vierrollenantrieb eingesetzt werden
B) es sollte bevorzugt ein Zweirollenantrieb eingesetzt werden
C) es sollten nur Drahtförderrollen mit V-Nut eingesetzt werden
D) Nutgröße sollte nach dem Innendurchmesser der Fülldrahtelektrode ausgewählt werden

12. Welche Aussage zu einer Kleinspulenanlage ist richtig?

A) Länge des Schlauchpaketes beträgt maximal 5 m
B) Drahtspule befindet sich am Schweißbrenner
C) Drahtvorschubsystem befindet sich in der Schweißanlage
D) es gibt ein Drahtvorschubsystem in der Schweißanlage und im Schweißbrenner

13. Worauf ist beim Anschluss der Werkstückklemme zu achten?

A) Hilfsteile wie Stangen, Rohre usw. für die Schweißstromrückleitung verwenden
B) Berührungsfläche einfetten
C) Werkstückklemme in unmittelbarer Nähe der Schweißstelle anbringen
D) Werkstückklemme in unmittelbarer Nähe der Schweißanlage anbringen

14. Was ist die Störungsursache, wenn die Drahtelektrode von der Spule springt?

A) Drahtelektrodenspule zu stark gebremst
B) Drahtelektrodenspule zu schwach gebremst
C) Anpresskraft der Drahtförderrollen zu groß
D) Drahtführungsseele zu groß

15. Was wird an einem konventionellen Schweißgleichrichter zum MAG-Schweißen eingestellt?

A) Brennerschlauchpaketlänge
B) Schweißstrom und Drahtvorschubgeschwindigkeit
C) Schweißspannung und Drahtvorschubgeschwindigkeit
D) Schutzgasdurchflussmenge

16. Welche Aussage zur MSG-Schweißanlage ist richtig?

A) Die Höhe der Schweißspannung wird über den Drahtvorschub eingestellt
B) Der Schweißstrom ist in der Regel Wechselstrom
C) Der Minuspol liegt in der Regel an der Drahtelektrode
D) Der Pluspol liegt in der Regel an der Drahtelektrode

17. Welche Aufgabe hat der Transformator in einer MSG-Schweißanlage?

A) Erhöht die Netzspannung auf die Schweißspannung
B) Erniedrigt die Netzspannung auf die Schweißspannung
C) Wandelt Wechselstrom um in Gleichstrom
D) Glättet Stromspitzen im Schweißstromkreis

18. Welche Aufgabe hat die Drossel in einer MSG-Schweißanlage?

A) Erhöht den Netzstrom
B) Erniedrigt die Netzspannung auf die Schweißspannung
C) Wandelt Wechselstrom um in Gleichstrom
D) Glättet Stromspitzen im Schweißstromkreis

19. Was bestimmt die Wahl eines wassergekühlten Schweißbrenners?

A) Schweißstromstärke
B) Brennergewicht
C) Schweißspannung
D) Schutzgasmenge

20. Bis zu welcher Stromstärke ist es sinnvoll gasgekühlte Schweißbrenner einzusetzen?

A) 200 A
B) 300 A
C) 400 A
D) 500 A

21. Wodurch kann die Schutzgasströmung verwirbelt werden?

A) Durch Trennmittel an der Brennermündung
B) Durch anhaftende Spritzer an der Schutzgasdüse
C) Durch verschlissenes Stromkontaktrohr
D) Durch thermische Beanspruchung der Drahtelektrode

22. Worauf muss die Drahtführungsseele abgestimmt sein?

A) Schweißstrom
B) Drahtfördermotor
C) Drahtelektrodendurchmesser
D) Schweißstromstärke

23. Wonach wird die Drahtförderrolle ausgewählt?

A) Durchmesser der Drahtelektrode
B) Durchmesser der Schweißstromleitung
C) Höhe des Schweißstromes
D) Höhe der Schweißspannung

24. Der Schweißer schweißt mit einer Aluminiumdrahtelektrode. Was sollte beim Drahtvorschubsystem beachtet werden?

A) Es sollte bevorzugt einen Vierrollenantrieb einsetzen
B) Es sollte bevorzugt einen Zweirollenantrieb einsetzen
C) Es sollte nur Drahtförderrollen mit V-Nut einsetzen
D) Die Nutgröße sollte nach dem Innendurchmesser der Fülldrahtelektrode ausgewählt werden

25. Welche Aussage zu einer Push-Pull-Anlage ist richtig?

A) Die Brennerschlauchpaketlänge beträgt maximal 5m
B) Die Drahtspule befindet sich am Schweißbrenner
C) Es gibt nur ein Drahtvorschubsystem
D) Es gibt ein Drahtvorschubsystem in der Schweißanlage und im Schweißbrenner

26. Was ist die Störungsursache für eine ungleichmäßige Drahtförderung?

A) Anpresskraft der Drahtförderrollen zu gering
B) Brennerschlauchpaket zu kurz
C) Neue Drahtförderseele
D) Push-Pull Drahtvorschubsystem

27. Welche Auswirkung hat eine zu kurze Drahtführungsspirale?

A) Drahtführungsspirale wird gestaucht
B) Drahtförderung wird verbessert
C) Reibung in der Drahtführungsspirale erhöht sich
D) Drahtelektrode kann ausknicken und die Drahtförderung kann gestört werden

28. Wie wirkt sich ein schlecht angebrachter Werkstückanschluss aus?

A) Lichtbogen brennt unruhig
B) Drahtelektrode wird ungleichmäßig gefördert
C) Stromstärke steigt unzulässig an
D) Übergangswiderstand wird kleiner

29. Welche Schweißparameter können unmittelbar an der MSG Schweißanlage mit „Mehrknopf-Bedienung" eingestellt werden?

A) Stromstärke und Spannung
B) Drahtvorschubgeschwindigkeit und Stromstärke
C) Spannung und Drahtvorschubgeschwindigkeit
D) Drahtvorschubgeschwindigkeit und Abschmelzleistung

30. Was bewirkt die optimale Einstellung der Drossel in MSG-Anlagen?

A) Verringern der Spritzerbildung
B) Verringern der Spannung
C) Vergrößern der Einbrandtiefe
D) Vergrößern der Spannung

31. Was bewirkt ein Ändern der Brennerhaltung von „senkrecht" zu „stechend"?

A) Schweißnaht wird schmaler
B) Einbrandtiefe nimmt zu
C) Abschmelzleistung wird verringert
D) Einbrandtiefe nimmt ab

32. Unter welchen Bedingungen lässt sich ein Sprühlichtbogen erzielen?

A) argonreiches Schutzgas und hohe Spannung
B) argonreiches Schutzgas und geringe Spannung
C) Kohlendioxid als Schutzgas und hohe Spannung
D) Kohlendioxid als Schutzgas und geringe Spannung

33. Was kennzeichnet den Sprühlichtbogen?

A) die Schweißspannung ist niedrig
B) das Schweißbad ist zähflüssig
C) der Tropfenübergang ist kurzschlussfrei
D) es wird nur reines CO_2 verwendet

34. Was geschieht beim Vergrößern des Kontaktrohrabstandes?

A) Lichtbogen wird länger
B) Abschmelzleistung nimmt zu
C) Einbrandtiefe nimmt ab
D) Widerstandserwärmung im freien Drahtende wird kleiner

35. Welche Aussage trifft auf den Kurzlichtbogen zu?

A) Tropfenübergang erfolgt kurzschlussfrei
B) Kurzlichtbogen entsteht nur unter Kohlendioxid und nie unter argonreichen Mischgasen
C) Tropfenübergang erfolgt im Kurzschluss
D) Schweißbad ist dünnflüssiger (heißer) als beim Schweißen mit dem Sprühlichtbogen

36. Welche Aussage trifft auf den Impulslichtbogen zu?

A) nur dünne Drahtelektroden dürfen verwendet werden
B) der Werkstoffübergang ist grobtropfig im Kurzschluss
C) das Mischgas muss aus mehr als 50% CO_2 bestehen
D) der Tropfenübergang ist kurzschlussfrei und spritzerarm

37. Was bewirkt eine Erhöhung der Spannung bei gleichbleibender Drahtvorschubgeschwindigkeit?

A) Lichtbogen wird kürzer
B) Einbrand wird flacher
C) Einbrand wird tiefer
D) Spannung sinkt ab

38. Was bewirkt eine Erhöhung der Drahtfördergeschwindigkeit?

A) Spannung steigt an
B) Stromstärke sinkt ab
C) Lichtbogen wird kürzer
D) Schweißnaht wird flacher

39. Welche Aussage zur Lichtbogenkennlinie ist richtig?

A) Mit zunehmendem Schweißstrom nimmt die Schweißspannung ab
B) Ein Lichtbogen kann nur innerhalb des Lichtbogenkennlinienbereichs brennen
C) Ist die Schweißspannung zu groß gibt es einen Kurzschluss
D) Ist die Schweißspannung zu klein reißt der Lichtbogen ab

40. Die Schweißspannung wird bei gleichbleibender Drahtfördergeschwindigkeit erhöht. Wie ändert sich die Schweißnaht?

A) Schweißnaht wird schmaler
B) Einbrand nimmt zu
C) Schweißnaht wird breiter
D) Schweißnahtüberhöhung nimmt zu

41. Die Drahtfördergeschwindigkeit wird erhöht. Wie ändern sich der Schweißstrom und die Schweißspannung?

A) Schweißstrom nimmt zu
B) Schweißstrom nimmt ab
C) Schweißspannung ändert sich nicht
D) Schweißspannung nimmt zu

42. Wodurch wird die Lichtbogenlänge beim MAG-Schweißen verkleinert?

A) Vergrößern der Drahtfördergeschwindigkeit
B) Verringern der Drahtfördergeschwindigkeit
C) Erhöhen der Spannung
D) Verringern des Kontaktrohrabstand

43. Wodurch wird die Lichtbogenlänge beim MAG-Schweißen vergrößert?

A) Größere Drahtfördergeschwindigkeit
B) Geringere Schweißspannung
C) Kleinere Drahtfördergeschwindigkeit
D) Größerer Kontaktrohrabstand

44. Wie vergrößert man die Abschmelzleistung beim MSG-Schweißen?

A) Lichtbogen verkürzen
B) Schutzgasmenge erhöhen
C) Schweißspannung erhöhen
D) Drahtfördergeschwindigkeit erhöhen

45. Wie ist der Werkstoffübergang beim Kurzlichtbogen?

A) nur im Kurzschluss
B) Teils im Kurzschluss
C) Unregelmäßig im Kurzschluss
D) Kurzschlussfrei

46. Wie ist der Werkstoffübergang beim Sprühlichtbogen?

A) Nur im Kurzschluss
B) Teils im Kurzschluss
C) Unregelmäßig im Kurzschluss
D) Praktisch kurzschlussfrei

47. Wie ist der Werkstoffübergang beim Langlichtbogen?

A) Nur im Kurzschluss
B) feintropfig
C) Unregelmäßig im Kurzschluss
D) Kurzschlussfrei

48. Welche Aufgabe hat die Drossel in der MSG-Schweißstromquelle?

A) Abschmelzleistung drosseln
B) Spritzerbildung vermindern
C) Ausströmen des Schutzgases nach Beenden des Schweißens stoppen
D) Zünden des Lichtbogens erleichtern

49. Durch welche Maßnahme wird beim MAG-Schweißen ein tieferer Einbrand erzielt?

A) Pendeln bei der Schweißausführung
B) Stechende Brennerhaltung
C) Schleppende Brennerhaltung
D) Schweißen mit höherer Spannung

50. Bei welchem Schweißprozess müssen dem Schweißzusatz Desoxidationsmittel (Mn, Si) zulegiert werden?

A) MIG
B) MAG
C) WIG
D) E

51. Was wird an einem konventionellen Schweißgleichrichter zum MAG-Schweißen eingestellt?

A) Brennerschlauchpaketlänge
B) Schweißstrom und Drahtvorschubgeschwindigkeit
C) Schweißspannung und Drahtvorschubgeschwindigkeit
D) Schutzgasdurchflussmenge

52. Wodurch wird die konstante Lichtbogenlänge bei MSG-Schweißgeräten erreicht?

A) Innere Regelung
B) Äußere Regelung
C) Handregelung
D) Konstante Regelung

53. Wonach wird die Drahtförderrolle ausgewählt?

A) Durchmesser der Drahtelektrode
B) Durchmesser der Schweißstromleitung
C) Höhe des Schweißstromes
D) Höhe der Schweißspannung

54. Welche Aufgabe hat die Drahtführungsspirale?

A) Drahtelektrodenreibung klein halten
B) Drahtelektrode isolieren
C) Strom zur Drahtelektrode führen
D) Drahtelektrodenreibung vergrößern

55. Schweißstromquellen für das MSG-Schweißen sind:

A) Transformatoren
B) Umformer
C) Schweißwandler
D) Schweißgleichrichter

56. Was bestimmt die Wahl eines wassergekühlten Schweißbrenners?

A) Schweißstromstärke
B) Brennergewicht
C) Schweißspannung
D) Schutzgasmenge

57. Welche Länge soll ein Schlauchpaket höchstens haben, wenn sich die Drahtfördereinrichtung im Schweißgerät befindet?

A) 20 m
B) 10 m
C) 6 m
D) 3 m

58. Worauf muss die Drahtführungsspirale abgestimmt sein?

A) Schweißstrom
B) Drahtfördermotor
C) Drahtelektrodendurchmesser
D) Schweißstromstärke

59. Welche Aufgabe hat die Staudüse?

A) Gasrücktritt verhindern
B) Für vom Gasdruck abhängige Durchflussmenge sorgen
C) Gasdruck regulieren
D) Druckminderer vor dem Einfrieren schützen

60. Wonach muss das Stromkontaktrohr ausgewählt werden?

A) Schweißstromstärke
B) Drahtelektrodendurchmesser
C) Lichtbogenlänge
D) Schutzgasart

61. Was unterscheidet den Schweißgleichrichter von anderen Schweißstromquellen?

A) Sekundärspule
B) Primärspule
C) Gleichrichterdioden
D) Erregerwicklung

62. Wie kann die richtige Anpresskraft der Druckrolle in der Drahtfördereinrichtung kontrolliert werden?

A) Drahtförderrolle muss sich deutlich in die Drahtelektrode eindrücken
B) Druckrolle muss die Drahtförderrolle berühren
C) Durch Abbremsen der sich drehenden Drahtelektrodenspule mit den Fingern
D) Durch Abbremsen der Drahtelektrode beim Austritt aus dem Stromkontaktrohr mit den Fingern

63. Eine Gasdüse sitzt locker auf dem MSG-Schweißbrenner. Was kann dadurch passieren?

A) Strömendes Schutzgas saugt Luft ein
B) Lichtbogenlänge verändert sich
C) Einseitige Blaswirkung auf den Lichtbogen wird vergrößert
D) Übergang des Schweißstromes in die Drahtelektrode wird schlechter

64. Wie wirkt sich ein ungenügender Anschluss der Werkstückleitung an das zu schweißende Werkstück aus (Werkstückklemme locker, Anschlussflächen verschmutzt usw.)?

A) Lichtbogen brennt unruhig
B) Drahtelektrode wird ungleichmäßig gefördert
C) Stromstärke steigt unzulässig an
D) Übergangswiderstand im Anschlussbereich wird zu stark erniedrigt

65. In welchem Feld des skizzierten Diagramms liegen die Schweißdaten für das Schweißen von Dünnblech?

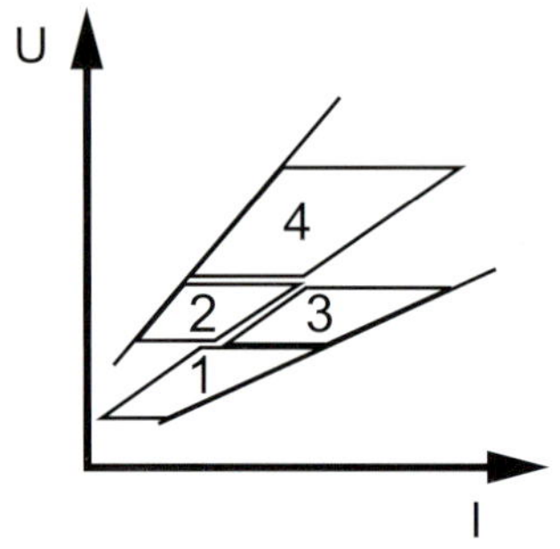

A) Feld 1
B) Feld 2
C) Feld 3
D) Feld 4

66. Bei MSG-Schweißgeräten mit „Einknopf-Bedienung" wirkt sich ein Ändern der Geräteeinstellung wesentlich aus auf:

A) Die Lichtbogenlänge
B) Die Abschmelzleistung
C) Die Drosselwirkung
D) Die Schutzgasmenge

67. Durch welche Maßnahme wird beim MAG-Schweißen ein tieferer Einbrand erzielt?

A) Pendeln bei der Schweißausführung
B) Stechende Brennerhaltung
C) Schleppende Brennerhaltung
D) Schweißen mit höherer Spannung

68. Beim MAG-Schweißen einer Kehlnaht ergibt sich eine stark überhöhte Wölbnaht. Welche Maßnahme ergreifen Sie zu deren Beseitigung?

A) Erhöhung des Drahtvorschubs
B) Erhöhung der Schweißspannung
C) Verringern der Schweißgeschwindigkeit
D) Erhöhung des Gasdruckes

69. In welchem Feld des skizzierten Diagramms liegen die Schweißdaten für das Schweißen mit Kurzlichtbogen?

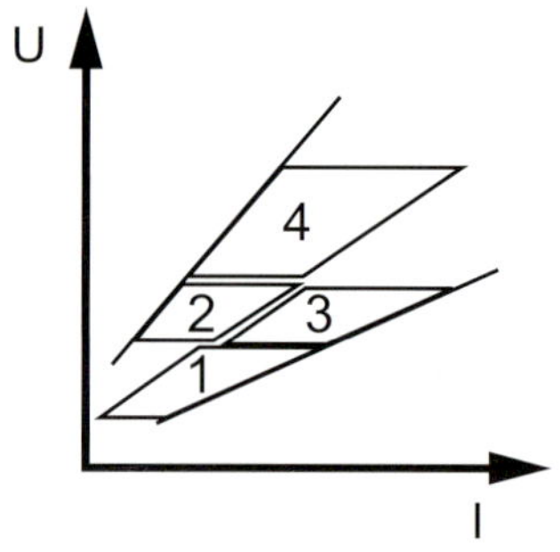

A) Feld 1
B) Feld 2
C) Feld 3
D) Feld 4

70. Wodurch wird die Lichtbogenlänge länger?

A) Größere Drahtfördergeschwindigkeit
B) Geringere Schweißspannung
C) Kleinere Drahtfördergeschwindigkeit
D) Größerer Kontaktrohrabstand

71. Der Arbeitspunkt A im Diagramm wandert in Pfeilrichtung. Welche Einstellung wurde verändert?

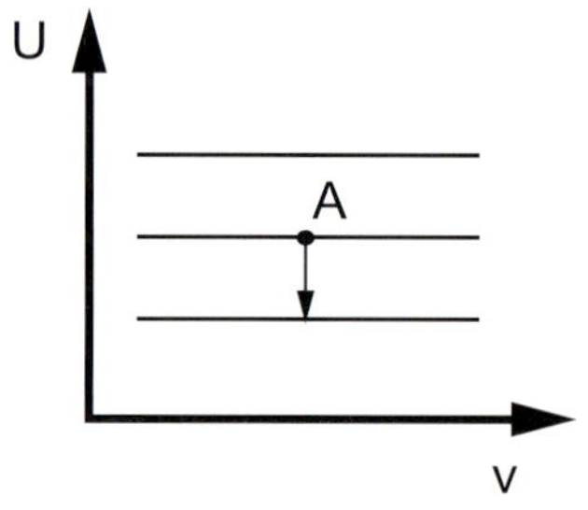

A) Drahtvorschubgeschwindigkeit langsamer
B) Abschmelzleistung höher
C) Stromstärke niedriger
D) Spannung niedriger

72. Bei gleich bleibender Spannungseinstellung wird die Drahtfördergeschwindigkeit größer. Was geschieht dadurch?

A) Lichtbogen wird länger, Abschmelzleistung wird größer
B) Lichtbogen wird länger, Abschmelzleistung wird kleiner
C) Lichtbogen wird kürzer, Abschmelzleistung wird größer
D) Lichtbogen wird kürzer, Abschmelzleistung wird kleiner

73. Welche Einstellwerte sind beim MSG-Schweißgerät mit Einknopfbedienung miteinander gekoppelt?

A) Spannung und Drahtfördergeschwindigkeit
B) Spannung und Lichtbogenwiderstand
C) Stromstärke und Drahtfördergeschwindigkeit
D) Spannung und Drosseleinstellung

74. Was bewirkt eine stechende Brennerhaltung im Vergleich zu einer schleppenden?

A) Einbrand wird tiefer
B) Porengefahr wird geringer
C) Schweißnaht wird flacher
D) Schweißnaht wird stärker überhöht

75. Wie verändert sich das Nahtprofil, wenn beim Schweißen die Spannung erhöht wird?

A) Raupe wird breiter, Einbrandtiefe nimmt zu
B) Raupe wird schmaler, Einbrandtiefe nimmt zu
C) Raupe wird breiter, Einbrandtiefe nimmt ab
D) Raupe wird schmaler, Einbrandtiefe nimmt ab

76. Was geschieht, wenn mit stark stechender Brennerhaltung geschweißt wird?

A) Schweißbad läuft vor
B) Wurzelfehler durch zu tiefen Einbrand
C) Schweißnaht wird stark überhöht
D) Spaltüberbrückbarkeit nimmt ab

77. Was sind die häufigsten Fehler beim MAG-Schweißen?

A) Wurzelrückfall
B) Einbrandkerben
C) Schlackeneinschlüsse
D) Bindefehler

78. Welche Aussage ist richtig?

A) Gasdüsendurchmesser entspricht etwa Raupenbreite
B) Zuviel Schutzgas führt zu Bindefehlern
C) Durch zu flache Brennerhaltung wird Luft in den Schweißbereich gesaugt. Es entstehen Poren
D) Bei der Brennerhaltung „stechend" wird der Einbrand tiefer

79. Wie können Bindefehler durch vorlaufendes Schmelzbad beim MAG-Schweißen verhindert werden?

A) Durch Erhöhen der Drahtfördergeschwindigkeit
B) Durch stark stechende Brennerführung
C) Durch Erhöhen der Schweißgeschwindigkeit
D) Durch Vergrößern der Steghöhe

80. Welcher Fehler in der Nahtvorbereitung für eine V-Naht an 10 mm dicken Blechen kann zu Bindefehlern führen?

A) Öffnungswinkel 30° bis 35°
B) Öffnungswinkel 40° bis 60°
C) Steghöhe 0 bis 1 mm
D) Stegabstand 2 mm

81. Wodurch kann eine Porenbildung beim MAG-Schweißen auftreten?

A) Der Brenner ist undicht
B) Das Kühlwasser fehlt
C) Das Mischgas ist nicht vorgewärmt
D) Die Drahtelektrode ist am Minuspol

82. Welche Störung am MAG-Brenner führt zu Porenbildung?

A) Gasdüse locker
B) Drahtspirale zu lang
C) Bohrung im Stromkontaktrohr zu groß
D) Stromkontaktrohr locker

83. Wodurch entstehen Bindefehler?

A) Stromkontaktrohr undicht
B) Zu kaltes Schutzgas
C) Gasdüse verschmutzt
D) Vorlaufendes Schmelzbad

84. Was kann die Folge sein, wenn ein Stromkontaktrohr verwendet wird, das für die zu verschweißende Drahtelektrode einen zu großen Bohrungsdurchmesser aufweist?

A) Erhöhte Reibung beim Fördern der Drahtelektrode
B) Es strömt zu viel Schutzgas aus
C) Drahtelektrode knickt innerhalb des Kontaktrohres und verklemmt sich
D) Lichtbogen ist instabil

Schweißprozess Wolfram-Inertgasschweißen

1. Welches Bauteil ist Bestandteil einer Anlage zum manuellen Wolfram-Inertgasschweißen?

A) Schweißstromquelle
B) Drahtvorschubgerät
C) Elektrodenhalter
D) Drahtspule

2. Welche der aufgeführten Arbeiten darf der Schweißer nach den Unfallverhütungsvorschriften und den VDE-Richtlinien selbst ausführen?

A) Netzsteckermontage
B) Umklemmen des Netzstromkabels (etwa bei falscher Lüfterdrehrichtung)
C) Schweißstromquelle vor Wartungsarbeiten vom Netz trennen
D) Absicherung netzseitig gegebenenfalls erhöhen

3. Welches Bauteil in einer WIG-Schweißstromquelle wandelt Wechselstrom in Gleichstrom um?

A) Gleichrichter
B) Transformator
C) Steuereinheit
D) Wassermangelschalter

4. Mit welchem Bauteil in einer WIG-Schweißanlage wird das berührungslose Lichtbogenzünden ermöglicht?

A) Gleichrichter
B) Filterkondensator
C) Hochspannungsimpulsgenerator
D) Schutzdrossel

5. Welche Aufgabe hat der Transformator in der Schweißstromquelle zu erfüllen?

A) den hohen Netzstrom in niedrigen Schweißstrom umwandeln
B) den niedrigen Netzstrom in hohen Schweißstrom umwandeln
C) die niedrige Netzspannung in hohe Schweißspannung umwandeln
D) die Zündung des Gleichstromlichtbogens verbessern

6. Durch welche Maßnahme ist beim Wolfram-Inertgasschweißen, z. B. am Nahtende, eine gezielte Wärmeführung möglich?

A) durch die Verwendung von Gleichstrom mit plusgepolter Wolframelektrode
B) durch die Wärmebehandlung in einem Glühofen
C) durch den Einsatz von Schweißanlagen mit variablem Schweißstromverlauf
D) durch die Verwendung von Wechselstrom

7. Welcher Werkstoff wird mit Wechselstrom WIG-geschweißt?

A) Baustahl
B) hoch legierter Stahl
C) Aluminium
D) Kupfer

8. Welche Aufgabe hat der Frequenz-Einsteller beim Wechselstromschweißen von Aluminium?

A) Verbessern der Oxidhautzerstörung (Reinigungswirkung)
B) Bilden eines breiten Schmelzbads
C) Verringern des Schutzgasverbrauchs
D) Verbessern der Lichtbogenstabilität bei geringem Schweißstrom

9. Ab welcher Schweißstromstärke werden wassergekühlte WIG-Brenner eingesetzt?

A) 70 A
B) 120 A
C) 160 A
D) 250 A

10. Wonach wird der Durchmesser einer Wolframelektrode beim WIG-Schweißen ausgewählt?

A) Nach der Lichtbogenlänge
B) Nach dem Schutzgas
C) Nach der Stromstärke in Abhängigkeit von der Werkstückdicke
D) Nach dem Gasdüsendurchmesser

11. Nach dem Schweißen bildet sich auf der Wolframelektrode eine Oxidschicht. Was kann die Ursache sein?

A) Der Schweißbrenner wurde nicht ausreichend gekühlt
B) Der Kühlluftventilator dreht in die falsche Richtung
C) Die Schutzgasnachströmzeit ist zu lang eingestellt
D) Die Schutzgasnachströmzeit ist zu kurz eingestellt

12. Ein wassergekühlter WIG-Schweißbrenner ist undicht, Wasser gelangt dadurch in die Schutzgaszuführung. Was kann das beim Schweißen von Stahl zur Folge haben?

A) Poren im Schweißgut
B) Aufhärtungen in der Wärmeeinflusszone
C) Oxideinschlüsse im Schweißgut
D) Brennerhandgriff wird elektrisch leitend

13. Durch welchen Fehler beim WIG-Schweißen kann die schützende Wirkung des Schutzgases beeinträchtigt werden?

A) zu geringe Schutzgasmenge
B) Gasdüsendurchmesser etwa 1,5-fache Schweißnahtbreite
C) inerte Schutzgase
D) zu geringe Schweißgeschwindigkeit

14. Welche Unregelmäßigkeit entsteht durch Öl, Fett oder Schmutz im Schweißnahtbereich?

A) In der Schweißnaht entstehen Poren
B) Es entstehen gefährliche Lichtbogenstrahlen
C) Es bildet sich auf der Naht ein Öl- bzw. Fettfilm
D) Das Schmelzbad wird so zähflüssig, dass Bindefehler entstehen können

15. Was kann die Ursache für ungenügendes Durchschweißen beim WIG-Schweißen sein?

A) Steghöhe zu groß
B) Schweißstromstärke zu hoch
C) Ungenügendes Bürsten und Reinigen der Nahtumgebung
D) Zu große Schutzgasmenge

16. Welches Schutzgas wird zum WIG-Schweißen verwendet?

A) Kohlendioxid
B) Argon-Kohlendioxid Gemisch
C) Argon-Sauerstoff Gemisch
D) Reinargon

17. Welche Schweißnahtunregelmäßigkeit kann entstehen, wenn beim Schweißen die heiße Wolframelektrode das Schweißbad berührt?

A) Poren (Gaseinschlüsse)
B) Wolframeinschlüsse
C) Oxideinschlüsse
D) Bindefehler

18. Weshalb wird die Wolframelektrode beim WIG-Schweißen mit Gleichstrom an den Minuspol gelegt?

A) damit sich eine Kugel (Kalotte) ausbildet
B) damit die Elektrode nicht überlastet wird
C) damit Aluminium geschweißt werden kann
D) damit die Elektrode nicht oxidiert

19. Wozu dient der Hochspannungsimpulsgenerator?

A) zum Glätten des Gleichstroms
B) zum berührungslosen Zünden des Lichtbogens
C) zum Erhöhen der Netzstromstärke
D) zum Schutz des Transformators gegen Kurzschlüsse

20. Wodurch kann es zu Störungen der Schutzgasströmung kommen?

A) Verunreinigung der Kühlwasserzuführung
B) falsche Drehrichtung des Kühlventilators
C) Schutzgasnachströmung zu lang eingestellt
D) Quetschstellen am Schlauchpaket

21. Was ist beim Anschleifen einer Wolframelektrode zu beachten?

A) Querriefen schleifen
B) Elektrodenspitze rund schleifen
C) Spitze ca. 30° und Längsriefen
D) möglichst selten anschleifen

22. Warum kann man zum WIG-Schweißen von Stahl kein CO_2 als Schutzgas verwenden?

A) die Wolframelektrode würde oxidieren und abschmelzen
B) die Lichtbogenspannung würde zu hoch werden
C) Mangan und Silizium würden in unzulässigen Mengen ausbrennen
D) der starke Lichtbogeneinbrand würde bei Kehlnähten Einbrandkerben verursachen

23. Bis wie viel Ampere maximaler Strombelastung kann ein gasgekühlter WIG-Schweißbrenner noch eingesetzt werden?

A) 500 Ampere
B) 400 Ampere
C) 300 Ampere
D) 200 Ampere

24. Für welches Metall bzw. für welche Legierung ist der WIG-Wechselstromlichtbogen nicht gut geeignet?

A) Baustahl
B) Aluminium
C) Magnesium
D) Aluminium-Magnesium-Legierung

25. Weshalb benötigt man zum WIG-Wechselstromschweißen Hochspannungsimpulse?

A) Der Wechselstrom hat eine zu niedrige Schweißspannung
B) Es können keine legierten Elektroden eingesetzt werden
C) Bei jedem Nulldurchgang des Wechselstroms erlischt sonst der Lichtbogen
D) Die Oxidhaut des Aluminiums wird durch die Hochspannungsimpulse aufgelöst

26. Welche Schweißstromart wird beim WIG-Schweißen von Stählen angewendet?

A) Wechselstrom
B) Gleichstrom, Pluspol an der Elektrode
C) Gleichstrom, Minuspol an der Elektrode
D) Drehstrom

27. Aus welcher Angabe auf dem Leistungsschild lässt sich auf die Eignung einer Schweißstromquelle für das WIG-Schweißen schließen?

A) Leerlaufspannung
B) Charakteristik der Kennlinie
C) Maximale Schweißspannung
D) Einschaltdauer ED

28. Welche Angabe auf dem Leistungsschild einer Schweißstromquelle ist für den Schweißer wichtig?

A) Phasenzahl und Eingangsstrom
B) Nennfrequenz und Phasenzahl
C) Eingangsdauerströme und Netzspannung
D) Einschaltdauer ED oder X in % und zugehöriger Schweißstrom

29. Was bedeutet die Angabe ED oder X in % auf dem Typenschild einer Schweißstromquelle?

A) Höchste Leerlaufspannung im Verhältnis zur Schweißspannung
B) Verhältnis von Schweißzeit zur Spieldauer
C) Neigung der Schweißstromquellen-Kennlinie in %
D) Einstellbereich der Schweißstromquelle in %

30. Die Strombelastbarkeit einer Wolframelektrode ist abhängig von...?

A) ...Elektrodendurchmesser
B) ...Schweißstabdurchmesser
C) ...Elektrodenlänge
D) ...Schweißposition

31. Beim WIG-Schweißen von einem 5 mm dicken Stahlrohr benötigt man:

A) Wolfram-Elektrode 2,4 mm, 75–130 A
B) Wolfram-Elektrode 1,0 mm, 75–130 A
C) Wolfram-Elektrode 2,4 mm, 30–40 A
D) Wolfram-Elektrode 4,0 mm, 200–250 A

32. Der Argonverbrauch hängt in erster Linie ab von:

A) Brennerneigung
B) der Schweißgeschwindigkeit
C) der Schweißbrennerbewegung
D) der Blechdicke und der Art des Grundwerkstoffes

33. Wodurch lassen sich Wolframeinschlüsse beim WIG-Schweißen vermeiden?

A) Durch Verwendung von Mischgas aus 50 % Ar und 50 % He
B) Durch Schweißen mit Gleichstrom
C) Durch berührungsloses Zünden mit Hochfrequenz
D) Durch Verwendung von Reinargon als Schutzgas

34. Wonach wird der Durchmesser der Wolframelektrode beim WIG-Schweißen ausgewählt?

A) Nach der Lichtbogenlänge
B) Nach dem Schutzgas
C) Nach der Stromstärke in Abhängigkeit von der Werkstückdicke
D) Nach dem Gasdüsendurchmesser

35. Wodurch entstehen Poren beim WIG-Schweißen?

A) Schweißstabdurchmesser zu klein
B) Gasdüsendurchmesser etwa 1,5 fache Schweißnahtbreite
C) verunreinigte Werkstückoberfläche (z.B. Öl, Farbe)
D) Schweißstab zu trocken

36. Wodurch kann ein Wolframeinschluss entstehen?

A) Untere Stegkante gebrochen
B) Ungenügendes Bürsten
C) Kontakt der Wolframelektrode mit dem Schweißbad
D) Zu wenig Schweißstrom

37. Wie nennt man die skizzierte Schweißnahtunregelmäßigkeit?

A) Schrumpfriss
B) Wolframeinschluss
C) Schlauchpore
D) Oxideinschluss

38. Wie lassen sich rissgefährdete Endkrater beim WIG-Schweißen vermeiden?

A) Schnelles Abziehen des WIG-Brenners vom Schweißbad
B) Eintauchen des Schweißstabs in das erstarrende Schweißbad
C) Erhöhen der Stromstärke kurz vor dem Abschalten des Schweißstroms
D) Verringern der Stromstärke kurz vor dem Abschalten des Schweißstroms

39. Das Ende einer Wolframelektrode hat die skizzierte Form. Was kann die Ursache sein?

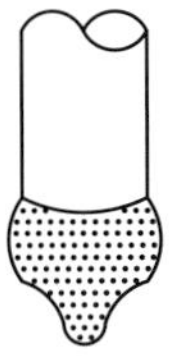

A) Es wurde inertes Schutzgas verwendet
B) Die Wolframelektrode wurde zu stumpf angeschliffen
C) Die Wolframelektrode wurde mit zu hohem Schweißstrom belastet
D) Der Wolframelektrodendurchmesser ist zu groß

40. Welche Aussage ist richtig?

A) Wurzelschutzgas darf bei hochlegierten Stählen nicht eingesetzt werden.
B) Oxide müssen vor dem Schweißen durch Schleifen oder Bürsten entfernt werden.
C) Bei Aluminium muss immer die untere Stegkante stehen bleiben, sonst kommt es zu Oxideinschlüssen.
D) Den heißen Schweißstab soll man öfter aus dem Schutzgasbereich nehmen, da er sonst überhitzt.

41. Die Werkstückklemme wird unsachgemäß angeschlossen, kein metallisch blanker Anschluss bzw. lockere Verbindung. Was sind die Folgen?

A) Geringere Schutzgasmenge, dadurch Porenbildung
B) Die Lichtbogenlänge verändert sich
C) Die Schweißgeschwindigkeit muss reduziert werden
D) Schwierigkeiten beim Zünden und Brennen des Lichtbogens

42. Welcher Fehler tritt beim WIG-Schweißen von Stahl auf, wenn die Fugenform falsch gewählt wurde?

A) Schlackeneinschluss
B) Poren
C) Bindefehler
D) Endkraterrisse

43. In welchem Fall liegt die Störungsursache im Schweißgerät?

A) Schweißstromkreis hat zu hohen Widerstand
B) Magnetventil klemmt
C) Schutzgasstrom wird verwirbelt
D) Wasser vermischt sich mit dem Schutzgas

Schweißprozess Lichtbogenhandschweißen

1. Was ist unzulässig beim Umgang mit Schweißstromleitungen:

A) festes Anklemmen der Leitungen
B) Isolieren mit übergeschobener Gummihülse oder Schrumpfschlauch
C) Isolieren mit Isolierband
D) Vulkanisieren

2. Je länger die Schweißstromleitungen um so

A) kleiner wird der elektrische Widerstand
B) größer wird der elektrische Widerstand
C) kleiner muß der Leitungsquerschnitt sein
D) höher steigt die Schweißstromstärke an

3. Welche Aussage zur Stromquellenkennlinie beim Lichtbogenhandschweißen ist richtig?

A) die Kennlinie verläuft flach fallend
B) die Kennlinie verläuft von links nach rechts steigend
C) die Kennlinie verläuft steil fallend
D) die Kennlinie verläuft parallel zum Schweißstrom

4. Welcher Parameter wird mit dem Zangenstrommesser gemessen?

A) Schweißspannung
B) Elektrischer Widerstand
C) Schweißzeit
D) Schweißstrom am Schweißgleichrichter

5. Einbrandkerben können entstehen durch:

A) zu kurzen Lichtbogen
B) zu flache Stabelektrodenhaltung
C) zu große Schweißstromstärke
D) zu hohe Spannung

6. Wodurch können im Schweißnahtübergang Risse entstehen?

A) zu schnelles Abkühlen nach dem Schweißen
B) zu langsames Abkühlen nach dem Schweißen
C) Schweißzusatzwerkstoff zu weich
D) Grundwerkstoff mit geringer Härte

7. Welche der aufgeführten Arbeiten darf der Schweißer nach den Unfallverhütungsvorschriften und den VDE-Richtlinien an elektrischen Teilen selbst ausführen?

A) anklemmen des Netzstromkabels
B) umklemmen des Netzstromkabels (etwa bei falscher Drehrichtung des Lüfters)
C) anschließen der Schweißstromleitung
D) reparieren von Netzstromkabel oder Netzstromstecker

8. Bei einer größeren Stahlkonstruktion wird an verschiedenen Knotenpunkten geschweißt. Wo wird die Werkstückklemme angebracht?

A) fest an einer Stelle der Konstruktion
B) wechselnd in der Nähe der Schweißstelle
C) an einem beliebigen Anbringungsort
D) an der Wasserleitung

9. Was darf beim Reinigen von Schweißstromquellen zum Ausblasen verwendet werden?

A) trockene Druckluft
B) trockener Sauerstoff
C) Wasserstoff
D) Acetylen

10. An einer schlecht zugänglichen Stelle muss der Lichtbogen kurz gehalten werden. Welche Auswirkungen hat das auf die Größe der Lichtbogenspannung (Schweißspannung) gegenüber einem normalen Lichtbogen?

A) Spannung fällt
B) Spannung bleibt unverändert
C) Spannung steigt
D) Spannung bricht zusammen (Kurzschluss)

11. Wie verhalten sich Schweißspannung U und Schweißstrom I bei Berühren des Werkstücks mit der Elektrode?

A) $I = 0$, $U_0 = U_{max}$ = Leerlaufspannung
B) $I = max$, U geht gegen 0
C) $I = max$, $U = max$
D) $I = 0$, $U = 0$

12. Welche Schweißnahtunregelmäßigkeit entsteht, wenn basischumhüllte Stabelektroden mit zu langem Lichtbogen verschweißt werden?

A) Härterisse
B) Schlackeneinschlüsse
C) Poren
D) zu tiefer Einbrand

13. Was bewirkt eine Heißstart-Einrichtung?

A) sie regelt die Temperatur der Schweißstromquelle
B) sie erhöht die Schweißstromstärke bei Schweißbeginn für eine begrenzte Zeit über die eingestellte Schweißstromstärke hinaus
C) sie wärmt die Stabelektrode auf 150°C vor
D) sie verringert die Schweißspannung bei Schweißbeginn

14. Welche Schweißnahtunregelmäßigkeit kann entstehen, wenn das Schweißen durch schnelles Abheben der Stabelektrode beendet wird?

A) Endkraterriss
B) Schlackeneinschluss
C) Wurzelfehler
D) Poren

15. Worin unterscheidet sich eine primär getaktete Transistorstromquelle vom thyristorgeregelten Schweißgleichrichter?

A) es ist kein Transformator erforderlich
B) die primär getaktete Transistorstromquelle enthält aufgrund der hohen Frequenz des Wechselstroms einen sehr kleinen Transformator
C) der thyristorgeregelte Schweißgleichrichter ist wesentlich kleiner
D) die primär getaktete Transistorstromquelle arbeitet mit zwei getrennten Transformatoren

16. Welches Gerät zeigt die Schweißstromstärke an?

A) Spannungsprüfer
B) Zangenstrommesser
C) Voltmeter
D) U-Messgerät

17. Ein Inverter ist ein:

A) Umrichter
B) Schweißtransformator
C) Schweißumformer
D) Laserschweißgerät

18. Wo liegt der Arbeitspunkt?

A) an der Zündstelle
B) am Schnittpunkt von Gerätekennlinie und Lichtbogenkennlinie
C) am Schnittpunkt von Gerätekennlinie und Spannungsachse
D) immer in der Nahtmitte

19. Wozu dient eine Anti-Stick-Einrichtung?

A) verhindert das unangenehme Kleben der Elektrode
B) erhöht bei Schweißbeginn die Stromstärke
C) lässt den Lichtbogen pulsen
D) lässt den Lichtbogen rotieren

20. Wie setzt sich die Länge der Schweißstromleitung zusammen?

A) Entfernung von der Schweißstromquelle zur Schweißstelle
B) halbe Entfernung von der Schweißstromquelle zur Schweißstelle
C) Schweißstromleitung + Schweißstromrückleitung
D) nur Länge der Schweißstromleitung

21. In welcher Einheit wird die Arbeitsspannung beim Schweißen gemessen?

A) kW (Kilowatt)
B) A (Ampere)
C) V (Volt)
D) kV (Kilovolt)

22. Welche Schweißstromquelle liefert Schweißwechselstrom?

A) Schweißumformer
B) Schweißtransformator
C) Schweißgleichrichter
D) Schweißaggregat

23. Woraus besteht ein Schweißgleichrichter unter anderem?

A) Aus einem Einphasentrafo, dem Anker, dem Magnetgestell
B) Magnetschuhe, Erregerwicklung
C) Transformator, Gleichrichterelemente, Lüfter
D) Bürstenstern, Schleifringe, Gleichrichterplatte

24. Schweißgeräte werden üblicherweise angeschlossen an:

A) Gleichstrom 230 Volt
B) Wechselstrom 110 Volt
C) Drehstrom 230 Volt
D) Wechselstrom 230 Volt oder Drehstrom 400 Volt

25. Was ist die wichtigste Anforderung an eine Schweißstromquelle zum Lichtbogenhandschweißen?

A) Sie muss fahrbar sein
B) Der Schweißstrom muss einstellbar sein
C) Sie muss einen ruhigen Lauf haben
D) Das Gehäuse muss isoliert sein

26. Was gehört nicht zum Schweißzubehör?

A) Schweißstromrückleitung
B) Werkstückklemme
C) Stabelektrodenhalter
D) Stabelektrode

27. Vorhanden sind Schweißstromleitungen mit 50 mm² Kupferquerschnitt. Die maximale Schweißstromstärke beträgt 200 A. Welche maximale Länge der Schweißstromleitung ist noch zulässig? (Benutze die Faustformel)

A) 10 m
B) 25 m
C) 35 m
D) 50 m

28. Wann entsteht ein Kurzschlussstrom beim Lichtbogenhandschweißen?

A) Bei nicht geerdeter Schweißstromquelle
B) Bei falsch gepolter Schweißstromquelle
C) Bei falscher Polung der Schweißstromleitung
D) Beim Zünden der Stabelektrode

29. Was gehört zum Schweißzubehör?

A) Schweißstromquelle
B) Werkstückklemme
C) Werkstück
D) Netzanschluss

30. Welche Aussage ist richtig?

A) Je länger die Schweißstromleitung, umso geringer der elektrische Widerstand
B) Je kürzer die Schweißstromleitung, umso geringer der elektrische Widerstand
C) Je größer der Leitungsquerschnitt, umso größer der elektrische Widerstand
D) Je kleiner der Leitungsquerschnitt, umso geringer der elektrische Widerstand

Schweißprozess Gasschweißen

1. Welchen Kennbuchstaben tragen Acetylendruckminderer zur Identifizierung?

A) A
B) O
C) P
D) M

2. Welchen Flaschenanschluss hat ein Sauerstoffdruckminderer?

A) Überwurfmutter mit Linksgewinde
B) Überwurfmutter mit Rechtsgewinde
C) Bügelanschluss
D) Bajonettverschluss

3. Worauf ist beim Anschluss eines Sauerstoff-Druckminderers zu achten?

A) dass die Stellschraube vorher hineingedreht wird
B) dass der Flaschenanschluss eingefettet ist
C) dass das Sicherheitsventil waagerecht liegt
D) auf einen sauberen Flaschenanschluss und einwandfreie Dichtung

4. Welche Aufgabe hat eine Entnahmestellensicherung (Gebrauchsstellenvorlage)?

A) normale Flammeneinstellung ermöglichen
B) gleichmäßigen Gasdurchfluss garantieren
C) Flammendurchschlag und Gasrücktritt verhindern
D) Brenngasverbrauch reduzieren

5. In welchen Zeitabständen sind trockene Entnahmestellensicherungen (Gebrauchstellenvorlagen) mindestens einmal zu prüfen?

A) Vor Arbeitsbeginn
B) monatlich
C) vierteljährlich
D) jährlich

6. Welchen Vorteil hat eine druckgesteuerte Entnahmestellensicherung (Gebrauchsstellenvorlage) gegenüber der temperaturgesteuerten?

A) Vorlage kann nach Entriegelung der Nachströmsperre weiter verwendet werden
B) die Brenngasversorgung ist gleichmäßiger
C) der Brenngasverbrauch ist geringer
D) die Acetylen-Sauerstoff-Flamme brennt stabiler

7. Woran sind die Überwurfmuttern der Schlauchanschlüsse für Brenngase erkennbar?

A) an der roten Farbgebung
B) am Rechtsgewinde
C) an der Einkerbung (Rille)
D) an der Schlüsselweite

8. Womit sind die Schläuche auf den Schlauchtüllen zu befestigen?

A) keine Befestigung erforderlich
B) mit Presshülsen oder Ohrschellen
C) mit Bindedraht
D) mit Isolierband

9. In welcher Reihenfolge müssen die Ventile eines Saugbrenners bei seiner Inbetriebnahme geöffnet werden?

A) zuerst das Sauerstoffventil, dann das Acetylenventil
B) zuerst das Acetylenventil, dann das Sauerstoffventil
C) Acetylenventil öffnen und das Brenngas entzünden, dann Sauerstoffventil öffnen
D) Reihenfolge der Ventilöffnung ist egal

10. In welchem Teil des Saugbrenners ist der Injektor eingebaut?

A) im Griffstück
B) im Schweißeinsatz
C) im Mischrohr
D) in der Schweißdüse

11. Wie kann die einwandfreie Funktion des Saugbrenners überprüft werden?

A) durch die Saugprobe am Sauerstoffanschluss des Griffstücks
B) durch Beobachtung des Flammenbildes
C) durch die Saugprobe am Acetylenanschluss des Griffstücks
D) durch den festen Anschluss des Schweißeinsatzes am Griffstück

12. Die Angabe 2 – 4 auf dem Schweißeinsatz bedeutet:

A) Acetylendruck 2 – 4 bar
B) Sauerstoffdruck 2 – 4 bar
C) Schweißdüsenbohrung 2 – 4 mm
D) geeignet zum Schweißen von Stählen von 2 – 4 mm Dicke

13. Wie hoch ist das Mischungsverhältnis von Acetylen zu Sauerstoff bei einer normalen Flamme?

A) 1 : 1
B) 1 : 2,5
C) 2 : 4
D) 5 : 6

14. Wie hoch ist die Temperatur in der Arbeitszone einer Acetylen-Sauerstoff-Flamme?

A) ca. 1200 °C
B) ca. 2500 °C
C) ca. 3200 °C
D) ca. 3800 °C

15. Welchen Einfluss hat eine Flamme mit Acetylenüberschuss auf Stahl?

A) aufkohlend
B) nitrierend
C) oxidierend
D) keinen Einfluss

16. Was versteht man unter "Nachrechtsschweißen"?

A) Schweißbrenner folgt dem Schweißstab
B) Schweißstabführung mit der rechten Hand
C) Schweißstab folgt dem Brenner
D) Schweißrichtung von rechts nach links

17. Ab welcher Blechdicke wird das Nachrechtsschweißen (NR) angewendet?

A) ab 2 mm
B) ab 3 mm
C) ab 4 mm
D) ab 5 mm

18. Welche Vorteile hat das Nachrechtsschweißen (NR) gegenüber dem Nachlinksschweißen (NL)?

A) leichtere Handhabung von Schweißdraht und Schweißbrenner
B) sicheres Durchschweißen der Wurzel
C) spannungsfreie Nähte
D) schrumpfungsfreie Nähte

19. Wodurch entstehen Einbrandkerben?

A) durch falsche Brennerhaltung und Schweißstabführung
B) durch zu langsames Schweißen
C) durch eine zu weiche Flamme
D) durch zu großen Schweißstabdurchmesser

20. Wodurch entstehen Poren?

A) Schweißstab O III verwendet
B) normale Flamme eingestellt
C) Werkstückoberfläche feucht oder verunreinigt
D) Sauerstoffreinheitsgrad > 99,5 Vol. %

21. Wie ist die Dichte von Acetylen im Vergleich zur Dichte von Luft?

A) wesentlich größer
B) unwesentlich größer
C) gleich groß
D) geringer

22. Welches Brenngas erreicht in Verbindung mit Sauerstoff die höchste Flammenleistung?

A) Acetylen
B) Argon
C) Propan
D) Erdgas

23. Unter welchen Voraussetzungen lässt sich Acetylen in Druckgasflaschen gefahrlos speichern?

A) nur in Druckgasflaschen mit geschweißtem Stahlmantel
B) nur bei Vorhandensein einer porösen Masse und Aceton als Lösungsmittel
C) nur bei der Begrenzung des Flaschendruckes auf 10 bar
D) nur durch die Begrenzung der Gasentnahme auf 1500 l/h

24. Welche Eigenschaft hat Sauerstoff?

A) ist hochexplosiv
B) brennt gut
C) fördert die Verbrennung
D) ist leichter als Luft

25. Wieviel Liter Sauerstoff enthält eine 50-Liter-Flasche bei einem Überdruck von 100 bar?

A) 2000 l
B) 5000 l
C) 6000 l
D) 10000 l

26. Wie wird der Druckminderer an eine Acetylenflasche angeschlossen?

A) Mit einer Überwurfmutter R1/4 rechts
B) Mit einer Überwurfmutter R3/8 links
C) Mit einer Überwurfmutter R1/8 links
D) Mit einem Bügelanschluss

27. Welche Aufgabe hat der Druckminderer?

A) das Sauerstoff-Acetylen-Gemisch konstant halten
B) den Austritt von Aceton verhindern
C) den Flaschendruck auf den Betriebsdruck reduzieren und ihn konstant halten
D) die Druckgasflasche vor einem Flammendurchschlag schützen

28. Wie sind Sauerstoffschläuche farblich gekennzeichnet?

A) blau
B) rot
C) orange
D) schwarz

29. Welche Aufgabe hat der Injektor im Schweißeinsatz?

A) Verbrennungsluft mit dem Acetylen mischen
B) Acetylen mit Hilfe des ausströmenden Sauerstoffs ansaugen
C) Flammendurchschläge verhindern
D) Verbrennungsgeschwindigkeit des Gasgemisches erhöhen

30. Wo befindet sich die höchste Temperatur in der Acetylen-Sauerstoff-Flamme?

A) unmittelbar an der Schweißdüse
B) im Flammenkegel
C) 2 – 5 mm vor dem Flammenkegel
D) in der Mitte der Beiflamme

31. Was verstehen Sie unter einer harten Flamme?

A) eine Flamme mit Sauerstoffüberschuss
B) eine Flamme mit Acetylenüberschuss
C) eine normale Flamme mit kleinstmöglicher Ausströmgeschwindigkeit
D) eine normale Flamme mit größtmöglicher Ausströmgeschwindigkeit

32. Wann wird das Nachrechtsschweißen (NR) angewendet?

A) beim Schweißen in Position PA
B) nur bei der Mehrlagenschweißung
C) bei Werkstückdicken über 3 mm
D) bei Werkstückdicken unter 3 mm

33. Welche gefährliche Schweißnahtunregelmäßigkeit kann an Ansatzstellen auftreten?

A) Ansatzbindefehler
B) Spritzer
C) Zündstellen
D) Schlackenzeilen

34. Wie hoch ist etwa der Stickstoffgehalt (Volumenanteil) der Luft?

A) 1%
B) 21%
C) 24%
D) 78%

35. Aus welchen chemischen Elementen besteht Acetylen?

A) 2 Teile Kohlenstoff + 2 Teile Wasserstoff = C_2H_2
B) 3 Teile Kohlenstoff + 8 Teile Wasserstoff = C_3H_8
C) 6 Teile Kohlenstoff + 6 Teile Wasserstoff = C_6H_6
D) 2 Teile Wasserstoff + 1 Teil Sauerstoff = H_2O

36. Die Überwurfmutter eines Druckminderers für Sauerstoff lässt sich sehr schwer auf den Anschlussstutzen einer Stahlflasche schrauben. Das Gewinde des Anschlussstutzens ist gut. Was ist zu tun?

A) Das Gewinde wird mit Petroleum gewaschen und eingefettet
B) Das Gewinde wird mit Graphitöl geschmiert
C) Auf das Gewinde wird säurefreies Öl gebracht
D) Es muss in einer Reparaturwerkstatt eine neue, fettfreie Überwurfmutter auf den Druckminderer montiert werden

37. Was bedeutet die eingeprägte Bezeichnung S 2,5 bar auf dem Schweißeinsatz?

A) Sauerstoffdruck
B) Durchmesser der Druckdüse
C) Acetylendruck
D) Standzeit des Schweißeinsatzes

38. Unter welchem Druck steht der Sauerstoff in der vollen 50-Liter-Flasche?

A) 18 bar
B) 19 bar
C) 150 bar
D) 200 bar

39. Was ist beim Anschließen eines Acetylendruckminderers zu beachten?

A) Der Druckminderer muss einen Ausbrennschutz haben
B) Der Flaschenanschluss muss eingefettet sein
C) Die Brennerventile müssen geschlossen sein
D) Flaschenanschluss auf Sauberkeit prüfen

40. Warum schweißt man hauptsächlich mit Acetylen als Brenngas ?

A) Wegen der guten Zündfähigkeit
B) Wegen der niedrigen Zündtemperatur
C) Wegen der hohen Flammenleistung
D) Wegen der geringen Dichte

41. Warum darf man einer Acetylenflasche nicht beliebige Mengen Acetylen je Stunde entnehmen?

A) Weil die Expansionskälte zu groß wird und die Flasche einfriert
B) Weil sonst eine zu große Reibungswärme im Druckminderer entsteht
C) Zu hohe Acetylenentnahme reißt Aceton mit aus der Flasche
D) Weil die Flasche sich erwärmt und das Acetylen zerfallen könnte

42. Warum bezeichnet man den allgemein verwendeten Schweißbrenner als „Saugbrenner"?

A) Weil das ausströmende Acetylen den Sauerstoff ansaugt
B) Weil die Schweißgase unter gleichem Druck angesaugt werden
C) Weil der ausströmende Sauerstoff das Acetylen ansaugt
D) Weil die Flamme das Gasgemisch ansaugt

43. Welche Vorteile hat beim Gasschweißen an Wanddicken über 3 mm das Nachrechtsschweißen gegenüber dem Nachlinksschweißen?

A) Beim Nachrechtsschweißen kann auch in Position PG („fallend") geschweißt werden
B) Beim Nachrechtsschweißen kann sich das Werkstück nicht verziehen
C) Beim Nachrechtsschweißen kann man sicherer durchschweißen
D) Beim Nachrechtsschweißen können keine Eigenspannungen auftreten

44. Welche Ursache führt zu einer zu großen Wurzelüberhöhung in Position PA?

A) Der Flammenabstand ist zu groß
B) Es wird zuviel Wärme eingebracht
C) Der Schweißstabdurchmesser ist zu groß
D) Die Schweißgeschwindigkeit ist zu groß

45. Welche hauptsächliche Aufgabe hat der Sauerstoff in der Schweißflamme?

A) Die Sauerstoffaufnahme aus der Luft verhindern
B) Den Acetylenüberschuss reduzieren
C) Das Acetylen verbrennen
D) Das Schweißbad oxidieren

46. Was geschieht, wenn die Schweißflamme beim Stahlschweißen Acetylenüberschuss aufweist?

A) Flammentemperatur steigt stark an
B) Schweißgut wird verbrannt und wird spröde
C) Schweißgut nimmt Kohlenstoff auf und wird hart
D) Eigenschaften des Schweißgutes werden verbessert

47. Wo bzw. wie wird das Nachrechtsschweißen (NR) angewendet?

A) Mit der NR-Methode schweißt man nur in Position PA (Wannenposition)
B) Das Nachrechtsschweißen wird nur bei Mehrlagenschweißung angewendet
C) Die Anwendung erfolgt bei Werkstückdicken über 3 mm
D) Bei der NR-Methode folgt die Flamme dem Schweißstab

48. Welcher Fehler tritt besonders beim Gasschweißen auf?

A) Zündstelle
B) Riss
C) Spritzer
D) Wurzelbindefehler

49. Woher kommt der für die zweite Verbrennungsstufe des Acetylens benötigte Sauerstoff?

A) wird über den Sauerstoffschlauch der Flamme zugeführt
B) aus der Umgebungsluft
C) aus der Beiflamme
D) aus dem Flammenkegel

50. Wo befindet sich in der Schweißflamme die höchste Temperatur?

A) An der Schweißdüse
B) In der Mitte der Beiflamme
C) Im Flammkegel
D) 2 bis 5 mm vor dem Flammkegel

51. Wie viel Sauerstoff ist für die vollständige Verbrennung von 1 m^3 Acetylen erforderlich?

A) 0,5 m^3 Sauerstoff
B) 1,0 m^3 Sauerstoff
C) 1,5 m^3 Sauerstoff
D) 2,5 m^3 Sauerstoff

52. Wie groß ist ungefähr der stündliche Verbrauch von Acetylen beim Schweißen von 6 mm dicken Blechen?

A) 500 l
B) 600 l
C) 800 l
D) 8000 l

53. Mit welcher Flammeneinstellung (Mischungsverhältnis) soll Stahl gasgeschweißt werden?

A) Mit einer Acetylenüberschuss-Flamme
B) Mit einer Sauerstoffüberschuss-Flamme
C) Mit einer normalen Flammeneinstellung
D) Mit einer harten Flammeneinstellung

54. Wodurch entstehen Gaseinschlüsse (Poren) beim Gasschweißen?

A) Zu harte Flamme
B) Keine birnenförmige Öffnung (Schweißöse)
C) Schweißflamme zu schnell vom Schweißbad entfernt
D) Ungenügendes Aufschmelzen

55. Wodurch verhindert man Bindefehler beim Gasschweißen?

A) Durch gutes Aufschmelzen der Nahtflanken und der Ansatzstellen
B) Durch Anwendung der normalen Flamme
C) Durch Erhöhung des Sauerstoffdrucks zum Schweißen
D) Durch das Einstellen einer Flamme mit leichtem Acetylenüberschuss

56. Wodurch kann beim Gasschweißen von Stahl die Schweißnaht verspröden?

A) Durch Schweißen mit normal eingestellter Flamme
B) Durch Schweißen mit „weicher" Flamme
C) Durch Schweißen mit Acetylenüberschuss
D) Durch Schweißen mit „harter" Flamme

57. Wie kann das Entstehen von Einbrandkerben verhindert werden?

A) Durch gleichmäßiges Ausrühren des Schmelzbades mit dem Schweißstab und richtige Brennerhaltung
B) Durch Verringerung des Stegabstandes bei einer Stumpfnaht
C) Durch die Verwendung von Werkstoff mit guter Schweißeignung
D) Durch die Einstellung einer harten Flamme

58. Welcher Schweißprozess fördert die Grobkornbildung in der Schweißnaht?

A) Gasschweißen
B) Lichtbogenhandschweißen
C) WIG-Schweißen
D) MAG-Schweißen

Einführung in die Stahlkunde

1. Welche schädlichen Eisenbegleiter können unlegierte Baustähle enthalten?

A) C
B) Mn
C) P, S
D) Si

2. Welches der angegebenen Stahlbegleitelemente ist unerwünscht?

A) Kohlenstoff (C)
B) Mangan (Mn)
C) Aluminium (Al)
D) Phosphor (P)

3. Welche Kurzbezeichnung bezeichnet einen hoch legierten Stahl?

A) S235
B) X6CrNiTi18-10
C) 19Mn6
D) S355

4. Was bedeutet die Bezeichnung S235?

A) Stahl mit einer Dehnung von 23,5 %
B) Stahl mit einer Höchstzugfestigkeit von 235 N/mm^2
C) Stahl mit einer Mindeststreckgrenze von 235 N/mm^2
D) Kurzzeichen für ein Stahlherstellungsverfahren

5. Welches Kurzzeichen gibt eine Desoxidationsart an?

A) Mn
B) FF
C) EN
D) S235

6. Welches Stahlbegleitelement ist unerwünscht?

A) Mangan
B) Nickel
C) Schwefel
D) Silizium

7. Was ist Stahl?

A) Stahlguss
B) Eisen-Kohlenstoff-Legierung mit mehr als 2,5 % Kohlenstoff
C) Eisen-Kohlenstoff-Legierung mit weniger als 2 % Kohlenstoff
D) Roheisen

8. Wonach werden Baustähle bezeichnet?

A) nach der Streckgrenze
B) nach der Härte
C) nach der chemischen Zusammensetzung
D) nach der Zähigkeit

9. Was versteht man unter einer Seigerung?

A) Doppelung im Blech
B) Gasblasen im Stahl
C) Abstich bei der Stahlherstellung
D) Anhäufung von unerwünschten Stahlbegleitelementen

10. Wonach werden nicht rostende Stähle bezeichnet?

A) nach der Streckgrenze
B) nach der Härte
C) nach der chemischen Zusammensetzung
D) nach der Zähigkeit

11. Welches Element verbessert die Schweißeignung?

A) Chrom
B) Nickel
C) Mangan
D) zunehmender Kohlenstoffgehalt

12. Welches der angegebenen Elemente macht das Schweißgut spröde?

A) Mangan
B) Molybdän
C) Nickel
D) Stickstoff

13. Welchen Einfluss hat der Kohlenstoff auf Stahl?

A) Erhöht die Festigkeit
B) Erhöht den Schmelzpunkt
C) Erhöht die Schweißbarkeit
D) Erhöht die Dehnung

Schweißeignung von Stählen

1. Warum sind Stähle mit hohem Kohlenstoffgehalt nur bedingt schweißgeeignet?

A) Neben der Schweißnaht entstehen harte und spröde Bereiche
B) Die Schmelztemperatur steigt an
C) Im Schweißgut entstehen Poren und Bindefehler
D) Die Schweißnaht wird rissig

2. Wie hoch darf der Kohlenstoffgehalt maximal sein, damit ein Baustahl noch ohne Vorwärmung gut schweißbar ist?

A) 0,22 %
B) 1,20 %
C) 2,20 %
D) 22,00 %

3. Wovon ist die Vorwärmtemperatur abhängig?

A) Vom Schweißzusatz
B) Von der Schweißeinsatzgröße
C) Von Werkstückdicke und Werkstoffart
D) Von der Schweißposition

4. Wann ist die Rissgefahr bei unberuhigten Stählen infolge Alterung am größten?

A) wenn ein Werkstück längere Zeit gelagert wird
B) immer wenn geschweißt wird
C) wenn ein Werkstück kaltverformt wird
D) wenn an kaltverformten Zonen geschweißt wird

5. Wo können in der Schweißverbindung Härterisse entstehen?

A) im Grundwerkstoff
B) im Schweißgut
C) in der Wärmeeinflusszone
D) im Schweißgut nach dem Vorwärmen

6. Wann gefährdet eine Seigerung die Schweißnaht?

A) bei geringer Aufmischung einer V-Naht
B) bei Ausschneiden des Aussteifungsblechs an einem Profil
C) bei Verwendung einer Elektrode mit basischer Umhüllung
D) bei Aufschmelzen einer Seigerungszone

7. Wann kann bei unberuhigt vergossenem Stahl eine Alterung entstehen?

A) wenn der Stahl Stickstoff enthält
B) wenn der Stahl Mangan enthält
C) wenn der Stahl Chrom enthält
D) wenn der Stahl zu viel Kohlenstoff enthält

8. Welcher der folgenden Stähle ist am besten schweißgeeignet?

A) E295
B) E360
C) S355
D) S275

9. Wo bildet sich eine Härtezone?

A) an der Schweißnahtoberfläche
B) in der Schweißnaht
C) in der Wärmeeinflusszone
D) in der Wurzellage

10. Wie wird richtig vorgewärmt?

A) Heftstelle nur direkt vorwärmen
B) vielfaches Vorwärmen bei 80°C
C) Vorwärmen zwischen 100 und 350°C
D) Vorwärmen oberhalb 600°C

11. Wann kann Sprödbruch eintreten?

A) bei starker Kaltverformung des ungeschweißten Werkstücks aus S235
B) bei starker Kaltverformung der Naht eines S235
C) bei starker Kaltverformung der Naht eines E360
D) bei starker Kaltverformung des ungeschweißten Werkstücks aus E360

12. Wodurch kann ein Härteriss entstehen?

A) durch zu schnelle Abkühlung kohlenstoffhaltigen Stahls nach dem Schweißen
B) durch eine Seigerung
C) durch Alterung
D) durch Stickstoff

13. Was fördert die Rissgefahr bei Alterung?

A) jegliches Schweißen
B) Kaltverformen
C) Schweißen in oder neben kaltverformten Bereichen
D) längeres Lagern von Werkstücken

14. Wann ist ein Stahl schweißgeeignet?

A) wenn der C-Gehalt nicht über 0,22% liegt
B) wenn der Stahl einen hohen Kohlenstoff- und Mangangehalt besitzt
C) wenn der Stahl gealtert ist
D) wenn der Stahl Seigerungen enthält

Weitere Werkstoffe

Warmfeste Stähle

1. Wodurch wird bei warmfesten Stählen eine ausreichende Festigkeit bei höheren Betriebstemperaturen erreicht?

A) Zugabe von Kohlenstoff
B) Zugabe von Legierungselementen wie Cr, Mo, W, V
C) Wahl eines bestimmten Schweißprozesses
D) Nachfolgende Wärmebehandlung

2. Bis zu welcher Betriebstemperatur können unlegierte warmfeste Stähle eingesetzt werden?

A) Bis ca. 1400°C
B) Bis ca. 750°C
C) Bis ca. 350°C
D) Bis ca. 100°C

3. Welcher der nachfolgenden Stähle ist ein warmfester Stahl?

A) S235JR
B) S355JR
C) 13CrMo4-5
D) S460N

4. Welcher Stahl der Dicke 10 mm muss zum schweißen mindestens auf 150°C vorgewärmt werden?

A) S235JR
B) P295GH
C) P355GH
D) 13CrMo4-5

5. Beim Unterschreiten welcher Umgebungstemperatur ist generell vorzuwärmen?

A) 5°C
B) –5°C
C) 0°C
D) 10°C

6. Wie erhält der Schweißer in der Regel Angaben über die Wärmeführung beim Schweißen warmfester Stähle?

A) Der Schweißer bestimmt die Wärmeführung selbst
B) Die Wärmeführung wird automatisch durch Wahl des richtigen Schweißprozesses eingehalten
C) Angaben über die Wärmeführung sind den schweißtechnischen Fertigungsunterlagen zu entnehmen oder werden durch die Schweißaufsicht vorgegeben
D) Der Schweißer braucht beim Schweißen warmfester Stähle nicht auf eine Wärmeführung zu achten

7. Welche Aussage ist richtig?

A) Austenitische warmfeste Stähle härten nicht auf
B) Niedriglegierte warmfeste Stähle neigen nicht zur Aufhärtung
C) Eine vorgegebene Wärmeführung ist bei allen warmfesten Stählen zu vernachlässigen
D) Die Werkstücktemperatur kann an jeder beliebigen Stelle gemessen werden

Korrosionsbeständige Stähle

1. Was ist eine Eigenschaft des austenitischen Chrom-Nickel-Stahls?

A) Korrosionsbeständigkeit
B) Härtbarkeit
C) Brennschneidbarkeit
D) Magnetisierbarkeit

2. Welches Kurzzeichen kennzeichnet ein Stabilisierungselement?

A) Ti
B) Ni
C) Cr
D) Mo

3. Welche Eigenschaft trifft auf einen hoch legierten Chrom-Nickel-Stahl NICHT zu?

A) Höhere Wärmeausdehnung im Vergleich zu Baustahl
B) Geringere Wärmeleitung als bei Baustahl
C) Korrosionsbeständigkeit
D) Härtbarkeit

4. Durch welche Kennzeichnung lassen sich Chrom-Nickel-Stahlbleche am einfachsten unterscheiden?

A) Durch das vorangestellte Zeichen „X“
B) Durch die aufgestempelte Werkstoffnummer
C) Durch die eingeprägten prozentualen Anteile der Legierungselemente
D) Durch die Angabe des Kohlenstoffgehaltes in 1/100 %

5. Welche Maßnahme fördert eine Korrosion entlang der Korngrenzen?

A) Möglichst Pendelraupen und dicke Schweißlagen ausführen
B) Genügend Abkühlung zwischen dem Schweißen der einzelnen Lagen
C) Nur stabilisierte Stähle schweißen
D) Stähle mit weniger als 0,02 % Kohlenstoff verarbeiten

6. In welchem Temperaturbereich können sich Chromcarbide bilden?

A) 100 bis 300 °C
B) 300 bis 500 °C
C) 500 bis 900 °C
D) 800 bis 1200 °C

7. In welchem Fall ist die Korrosionsbeständigkeit nach dem Schweißen NICHT gewährleistet?

A) Wenn anhaftende Oxide abgearbeitet werden
B) Wenn die Werkstückoberfläche frei von Verunreinigungen ist
C) Wenn Chrom-Nickel-Stähle mit Baustählen im selben Regal gelagert werden
D) Wenn die Werkzeuge ausschließlich für die Bearbeitung von Chrom-Nickel-Stählen eingesetzt werden

8 . Welche Werkstoffpaarung ist eine Schwarz-Weiß-Verbindung?

A) S235 mit P265
B) X5CrNi18-10 mit X5CrNiMo17-12-2
C) S355 mit S235
D) S235 mit X5CrNi18-10

9. Wie kann die Schutzgasversorgung für das Schweißen von austenitischen Chrom-Nickel-Stählen NICHT erfolgen?

A) Durch Einzelflaschen
B) Durch CO_2-Tanks
C) Durch Kaltvergaseranlagen
D) Durch Flaschenbatterien

10. Was bedeutet in der Bezeichnung „Drahtelektrode ISO 14343-A – W 19 9 L" der Buchstabe „L"?

A) Kennzeichen für hochlegierten Stahl
B) Kennzeichen für die Schweißbedingungen
C) Sehr geringer Kohlenstoffgehalt
D) Drahtelektrodendurchmesser 2 mm

11. Welchen Stahl darf man mit der Drahtelektrode G 19 9 L NICHT schweißen?

A) X5CrNi18-10
B) X2CrNiMo17-12-2
C) X10CrNi18-8
D) X2CrNi19-11

12. Welches Gasgemisch verhält sich beim Schweißen inert?

A) Argon/Kohlendioxid
B) Stickstoff/Wasserstoff
C) Argon/Helium
D) Argon/Sauerstoff

13. Was ist keine Voraussetzung für die Entstehung von Spannungsrisskorrosion?

A) Erhöhte Temperatur
B) Fremdrost
C) Chloridhaltige Umgebung
D) Zugspannungen

14. Die Korrosionsbeständigkeit nichtrostender Stähle wird erreicht durch:

A) Anlauffarben
B) Schlackenreste
C) Metallisch blanke Oberflächen
D) Schweißspritzer

15. Bei welchen Temperaturen wird das Weichglühen von Chrom-Nickel-Stählen durchgeführt?

A) Raumtemperatur.
B) 200 °C bis 250 °C
C) 950 °C bis 1100 °C
D) 1600 °C bis 1800 °C

16. Wie darf eine Chrom-Nickel-Schweißnaht NICHT nachbehandelt werden?

A) Strahlen mit eisenfreien Mitteln
B) Beizen mit Beizpaste
C) Verwendung von Eisenwerkzeugen
D) Bürsten mit nichtrostenden Stahlbürsten

Aluminiumwerkstoffe

1. Mit welchem Schweißprozess können Aluminiumwerkstoffe NICHT geschweißt werden?

A) Gasschmelzschweißen
B) Wolfram-Inertgasschweißen (WIG)
C) Metall-Inertgasschweißen (MIG)
D) Bolzenschweißen

2. Welche der angegebenen Knetlegierungen gehört zu den nicht aushärtbaren Aluminiumlegierungen?

A) AlMg
B) AlMgSi
C) AlZnMg
D) AlCuMg

3. Welche Aussage trifft zu?

A) Aluminium hat eine geringere Wärmeleitfähigkeit als Stahl
B) Aluminium hat eine geringere elektrische Leitfähigkeit als Stahl
C) Aluminium hat eine geringere Dichte als Stahl
D) Aluminium hat eine geringere Wärmeausdehnung als Stahl

4. Welche Schweißnahtunregelmäßigkeit tritt beim Schweißen von Aluminiumwerkstoffen am häufigsten auf?

A) Poren
B) Schlackeneinschlüsse
C) Wolframeinschluss beim MIG-Schweißen
D) Anlauffarben.

5. Wodurch erreicht man eine Festigkeitssteigerung bei nicht aushärtbaren Aluminiumwerkstoffen?

A) Kaltauslagern
B) Lösungsglühen
C) Warmauslagern
D) Kaltverfestigen

6. Welcher der angegebenen Aluminiumwerkstoffe ist NICHT schweißgeeignet?

A) AlMn1
B) AlMgSi
C) AlCuMg1
D) G-AlSiMg

7. Welches der angegebenen Elemente gehört NICHT zu den Legierungselementen von Aluminiumwerkstoffen?

A) Magnesium
B) Kohlenstoff
C) Mangan
D) Silizium

8. Welches Schutzgas findet beim Schweißen von Aluminiumwerkstoffen Anwendung?

A) Argon
B) Kohlendioxid
C) Stickstoff
D) Wasserstoff

9. Mit welchem Schweißzusatz wird die Werkstoffkombination AlMg3/Al99,5 im Allgemeinen geschweißt?

A) S Al 1070 (Al99,7)
B) S Al 4043 (AlSi5)
C) S Al 5754 (AlMg3)
D) S Al 5556 (AlMg5Mn1)

10. Wovon hängt der einzustellende Schutzgasverbrauch NICHT ab?

A) Werkstückdicke
B) Lichtbogenleistung
C) Gasdüsendurchmesser
D) Art der Schweißstromquelle

11. Wie kann die Nahtvorbereitung bei Aluminiumwerkstoffen NICHT erfolgen?

A) Durch Schleifen
B) Durch Brennschneiden
C) Durch Plasmaschneiden
D) Durch Fräsen

12. Wovon ist die Nahtvorbereitung bei Aluminiumwerkstoffen abhängig?

A) Legierungstyp des Aluminiumwerkstoffs
B) Schweißprozess und Werkstückdicke
C) Art des Schutzgas
D) Art des Schweißzusatzes

13. Wie groß ist der Öffnungswinkel einer V-Naht beim MIG-Schweißen von Aluminiumwerkstoffen?

A) Etwa 90°...100°
B) Etwa 40°...60°
C) 60°
D) 50°...70°

14. Wo findet Reinaluminium Anwendung?

A) im Apparate- und Behälterbau
B) im Fahrzeugbau
C) im Bauwesen
D) bei sonstigen tragenden Teilen

Kupferwerkstoffe

1. Welche Eigenschaft trifft auf Kupfer im Vergleich zu Stahl zu?

A) geringere Dichte (leichter)
B) höhere Zugfestigkeit
C) größere Wärmedehnung
D) höherer Schmelzpunkt

2. Wie hoch ungefähr ist der Schmelzpunkt von Kupferwerkstoffen?

A) 650°C
B) 1080°C
C) 1450°C
D) 2050°C

3. Wann entsteht die "Wasserstoffkrankheit"?

A) Wenn als Schutzgas Helium verwendet wird
B) Wenn das Kupfer zu wenig Sauerstoff enthält
C) Wenn das Kupfer zu wenig Wasserstoff enthält
D) Wenn beim Gasschweißen Wasserstoff in das Kupfer eindringt

4. Zu welcher Legierungsgruppe gehört Messing?

A) Kupfer-Nickel
B) Kupfer-Zinn
C) Kupfer-Zink
D) Kupfer-Aluminium

5. Welches Schutzgas findet zum Schweißen von Kupfer Anwendung?

A) Argon
B) Kohlendioxid
C) Stickstoff
D) Wasserstoff

6. Welches der angegebenen Elemente gehört nicht zu den Legierungselementen von Kupferwerkstoffen?

A) Aluminium
B) Kohlenstoff
C) Nickel
D) Zink

7. Was ist eine Eigenschaft von Kupferwerkstoffen?

A) Brennschneidbarkeit
B) Härtbarkeit
C) Korrosionsbeständigkeit
D) Magnetisierbarkeit

8. Mit welchen Schweißzusätzen werden im allgemeinen Kupferwerkstoffe geschweißt?

A) mit höher legierten Schweißzusätzen
B) mit artgleichen Schweißzusätzen
C) mit niedriger legierten Schweißzusätzen
D) mit Reinkupfer

9. Was ist bei der Verarbeitung von Kupfer zu beachten?

A) Kupferlegierungen am besten zusammen mit Stahl lagern
B) Beim Schutzgasschweißen aktive Schutzgase verwenden
C) Die hohe Wärmeausdehnung kann zu Verzug führen
D) Beim Gasschweißen einen möglichst kleinen Brenner wählen

10. Was ist bei der Nahtvorbereitung an Kupferwerkstoffen zu beachten?

A) Fugenflanken vor dem Schweißen leicht einölen
B) 5mm dicke Bleche können noch als I-Naht geschweißt werden
C) Bei V-Nähten einen Öffnungswinkel von maximal 40° wählen
D) Fugenvorbereitung durch Brennschneiden

Schweißzusätze und Hilfsstoffe

1. Bei welchem Erzeugnis handelt es sich um einen Schweißzusatz?

A) Kohlendioxid
B) Sauerstoff
C) umhüllte Stabelektrode
D) Schweißpaste

2. Bei welchem Erzeugnis handelt es sich um einen Schweißhilfsstoff?

A) umhüllte Stabelektrode
B) Schutzgas
C) Schweißstab
D) Fülldrahtelektrode

3. Für welchen Schweißprozess steht der Buchstabe „G“ auf dem Schweißzusatz?

A) Lichtbogenhandschweißen
B) Gasschweißen
C) Metall-Schutzgasschweißen
D) Wolfram-Schutzgasschweißen

4. Für welchen Schweißprozess steht der Buchstabe „O“ auf dem Schweißzusatz?

A) Lichtbogenhandschweißen
B) Gasschweißen
C) Metall-Schutzgasschweißen
D) Wolfram-Schutzgasschweißen

5. Für welchen Schweißprozess steht der Buchstabe „W“ auf dem Schweißzusatz?

A) Lichtbogenhandschweißen
B) Gasschweißen
C) Metall-Schutzgasschweißen
D) Wolfram-Schutzgasschweißen

6. Welches Gas wird als Schutzgas eingesetzt?

A) Kohlendioxid
B) Acetylen
C) Propan
D) Luft

7. Welche Aufgabe haben Formiergase?

A) Verbrennung fördern
B) Flammentemperatur erhöhen
C) Wurzel vor Luftzutritt schützen
D) Schweißgeschwindigkeit erhöhen

8. Welche Folgen kann feuchte Lagerung von Schweißzusätzen haben?

A) Erhöhung der Abschmelzleistung
B) Verringerung der Spritzerbildung
C) Verbesserung der Lichtbogenzündung
D) Poren in der Schweißnaht

9. Durch welche Eigenschaften ist das Schweißgut von Schweißzusätzen gekennzeichnet, die zum Verbindungsschweißen verwendet werden?

A) gleiche Zähigkeit, Festigkeit und Dehnung wie der Grundwerkstoff
B) geringere Härte und Verschleißfestigkeit als der Grundwerkstoff
C) geringere Zähigkeit, Festigkeit und Dehnung als der Grundwerkstoff
D) höhere Härte und Verschleißfestigkeit als der Grundwerkstoff

10. Durch welche Eigenschaften ist das Schweißgut von Schweißzusätzen gekennzeichnet, die zum Auftragschweißen verwendet werden?

A) gleiche Zähigkeit, Festigkeit und Dehnung wie der Grundwerkstoff
B) höhere Härte, Verschleißfestigkeit oder Korrosionsbeständigkeit als der Grundwerkstoff
C) geringere Härte und Verschleißfestigkeit als der Grundwerkstoff
D) höhere Zähigkeit und Dehnung als der Grundwerkstoff

11. Durch welche Maßnahmen wird ein Verwechseln der Schweißzusätze verhindert?

A) durch Dickenbegrenzung des Schweißzusatzes
B) durch Längenbegrenzung des Schweißzusatzes
C) durch Einprägungen oder Stempelaufdrucke auf dem Schweißzusatz
D) durch Aufbringung von Umhüllungen

12. Durch welche Maßnahme wird die Einwirkung von Feuchtigkeit und Schmutz auf die Schweißzusätze bei der Arbeit verhindert?

A) alle Schweißzusätze der Originalverpackung entnehmen und griffbereit auf den Boden legen
B) die nicht unmittelbar benötigten Schweißzusätze in der Originalpackung belassen
C) alle Schweißzusätze der Originalpackung entnehmen und vor dem Schweißen gut lüften
D) alle Schweißzusätze der Originalpackung entnehmen und auf die Heizung legen

13. Welches Schutzgas eignet sich zum Einsatz als Wurzelschutzgas (Formiergas)?

A) Sauerstoff
B) Druckluft
C) Acetylen
D) Stickstoff - Wasserstoff – Gemisch

14. Welches Gas fördert die Verbrennung?

A) Acetylen
B) Propan
C) Sauerstoff
D) Wasserstoff

15. Welches Brenngas hat gegenüber der Luft die größte Dichte?

A) Propan
B) Acetylen
C) Erdgas
D) Wasserstoff

16. Welche Kennzeichnung der Druckgasflaschen enthält die einzig verbindliche Information über den Flascheninhalt?

A) Flaschenkennfarbe
B) Schweißerlaubnisschein
C) Gefahrgutaufkleber
D) Befahrerlaubnisschein

17. Welche Kennfarbe hat die Acetylenflasche?

A) Weiß
B) Kastanienbraun
C) Dunkelgrün
D) Schwarz

18. Welche Kennfarbe hat die Argonflasche?

A) Weiß
B) Kastanienbraun
C) Dunkelgrün
D) Schwarz

Schweißzusätze Metall-Schutzgasschweißen

1. Worin unterscheiden sich die Drahtelektroden ISO 14341-A – G 2Si1 und ISO 14341-A – G 4Si1?

A) Kohlenstoffgehalt
B) Mangangehalt
C) Schwefelgehalt
D) Phosphorgehalt

2. Welches Schutzgas reagiert am stärksten mit dem Schweißbad?

A) Argon
B) Helium
C) Kohlendioxid
D) Mischgas

3. Welches Schutzgas wird flüssig in Stahlflaschen geliefert?

A) Argon
B) Mischgas M2
C) Kohlendioxid
D) Inertgas

4. Welches Schutzgas führt zu stärkerer Spritzerbildung beim Schweißen?

A) I1 (Argon)
B) C1 (Kohlendioxid)
C) Mischgas M22
D) Mischgas M12

5. Was ist eine Aufgabe der Massivdrahtelektrode?

A) Schlacke bilden, um das Schweißbad zu schützen
B) Legierungselemente im Schweißbad zu reduzieren
C) den Abbrand von Legierungselementen ausgleichen
D) Schutzgas bilden

6. Was bedeutet der Buchstabe M in der Bezeichnung ISO 14341-A – G 46 3 M21 3Si1?

A) Massivdrahtelektrode
B) Schutzgas (Mischgas)
C) Mindeststreckgrenze
D) Metallpulverfüllung

7. Was bedeutet die Ziffer 46 in der Bezeichnung ISO 14341-A – G 46 3 M21 3Si1?

A) Zugfestigkeit 46 N/mm^2
B) Streckgrenze 46 N/mm^2
C) Mindeststreckgrenze 460 N/mm^2
D) Kerbschlagarbeit 46 J

8. Was bedeutet der Buchstabe T in der Bezeichnung ISO 17632-A – T 46 3 1Ni B M21 4 H5?

A) TIG-Schweißprozess
B) Fülldrahtelektrode
C) Schutzgastyp
D) Legierungstyp

9. Welchen Einfluss hat das verwendete Schutzgas beim MAG-Schweißen unlegierter Stähle?

A) bei CO_2 wird die Schweißnaht feinschuppig
B) bei 82% Ar + 18% CO_2 wird die Schweißnaht grobschuppig
C) bei CO_2 ist die Spritzerbildung gering
D) bei CO_2 tritt vermehrt Spritzerbildung auf

10. Welche Schutzgasmenge ist beim MAG-Schweißen mit einem Drahtelektrodendurchmesser von 1,2 mm erforderlich?

A) 8 l/min
B) 12 l/min
C) 16 l/min
D) 20 l/min

11. Wie hoch ist die maximale Streckgrenze bei Massivdrahtelektroden nach DIN EN ISO 14341-A?

A) 100 N/mm^2
B) 200 N/mm^2
C) 440 N/mm^2
D) 500 N/mm^2

12. Was bedeutet der Buchstabe G in der Bezeichnung ISO 14341-A – G 46 3 M21 3Si1?

A) Massivdrahtelektrode
B) Fülldrahtelektrode
C) Schutzgasart
D) Kerbschlagarbeit

13. Was bedeutet die Ziffer 3 in der Bezeichnung ISO 14341-A – G 46 3 M21 3Si1?

A) Zugfestigkeit 300 N/mm^2
B) Streckgrenze 30 N/mm^2
C) Mindeststreckgrenze 300 N/mm^2
D) Kerbschlagarbeit 47 J bei –30°C

14. Was bedeutet 3Si1 in der Bezeichnung ISO 14341-A – G 46 3 M21 3Si1?

A) Siliziumgehalt 3%
B) Mangangehalt 1%
C) Drahtdurchmesser 3mm
D) Kurzzeichen für die chemische Zusammensetzung der Massivdrahtelektrode

15. Was bedeutet H5 in der Bezeichnung ISO 17632-A – T 46 3 1Ni B M21 4 H5?

A) Wasserstoffgehalt
B) Kerbschlagarbeit 50 J
C) Schutzgastyp
D) Legierungstyp

16. Was bedeutet der Buchstabe B in der Bezeichnung ISO 17632-A – T 46 3 1Ni B M21 4 H5?

A) Wasserstoffgehalt
B) Langsam erstarrende Schlacke
C) Kein Schutzgas notwendig
D) Basische Schlacke

17. Welche Schutzgaszusammensetzung kommt beim Schweißen an unlegierten Stählen zum Einsatz?

A) 82 % Ar + 18 % CO_2
B) 100 % Ar
C) 50 % Ar + 50 % He
D) 100 % O_2

18. Welche Aufgabe hat das Schutzgas beim MIG/MAG-Schweißen?

A) Es soll den Kohlenstoff nicht entweichen lassen
B) Es soll das Schweißbad abkühlen
C) Es soll das Schweißbad vor der Luft schützen
D) Um auch größere Materialdicken schweißen zu können

19. Welche Gase werden beim MAG-Schweißen zum Schutz des Schweißbades verwendet?

A) Inerte Gase
B) Argon und Helium
C) Stickstoff- und Formiergas
D) Mischgase und Kohlendioxid (CO_2)

20. Aus welchen Bestandteilen besteht ein Dreikomponentengas für das MAG-Schweißen?

A) Ar, CO_2, N_2
B) Ar, O_2, H_2
C) Ar, CO_2, O_2
D) Ar, CO_2, H_2

21. Welches Schutzgas kommt beim MIG-Schweißen zum Einsatz?

A) Argon + Kohlendioxid
B) Argon + Sauerstoff
C) Argon
D) Kohlendioxid

22. Welche Lichtbogenart ist beim MAG-Schweißen mit dem Schutzgas CO_2 möglich?

A) Sprühlichtbogen
B) Impulslichtbogen
C) Langlichtbogen
D) Rotierender Lichtbogen

23. Welchen Vorteil hat Mischgas mit 82% Ar+18% CO_2 gegenüber CO_2 beim MAG-Schweißen?

A) Ergibt feinschuppigere Schweißnähte und die Spritzerbildung ist geringer
B) Ergibt einen tieferen Einbrand
C) Ergibt porensichere Schweißnähte
D) Ist unempfindlicher bei Werkstoffverunreinigungen und Luftzügen

24. Mit welchem Schutzgas ergibt sich beim MAG-Schweißen die größte Einbrandtiefe?

A) Kohlendioxid (CO_2)
B) Argon
C) 82% Argon / 18% CO_2
D) 92% Argon / 8% CO_2

Schweißzusätze Wolfram-Inertgasschweißen

1. Welches Legierungselement enthält eine Wolframelektrode vom Typ WZr8?

A) Kohlenstoff
B) Lanthaniumoxid
C) Thoriumoxid
D) Zirkoniumoxid

2. Eine Wolframelektrode WCe 20 enthält wieviel % Ceroxid?

A) 20,00 %
B) 2,00 %
C) 0,20 %
D) 0,22 %

3. Welches Schutzgas wird zum WIG-Schweißen verwendet?

A) CO_2
B) Argon-CO_2-Gemisch
C) Reinargon
D) O_2

4. Was bedeutet die Kennzahl 2.4 in der Bezeichnung einer Wolframelektrode ISO 6848 – 2.4 – 175 – WZr3?

A) Durchmesser der Elektrode
B) Zirkoniumoxidgehalt in %
C) Thoriumoxidgehalt in %
D) Zugfestigkeit der Elektrode

5. Wie ist die Farbkennzeichnung einer Wolframelektrode mit 2 % Ceroxid-Anteil?

A) grün
B) rot
C) schwarz
D) grau

6. Welche Gefahr besteht beim Einsatz von Schutzgasen (z. B. Argon) in engen Räumen?

A) Erstickungsgefahr
B) Vergiftungsgefahr
C) Explosionsgefahr
D) keine besonderen Gefahren

7. Welche wesentlichen Vorteile besitzen Wolframelektroden mit Oxidzusätzen gegenüber Reinwolframelektroden?

A) geringe Wärmeleitfähigkeit
B) höhere Strombelastbarkeit
C) geringere Standzeiten
D) schlechtere Zündeigenschaften

8. Was ist die Bezeichnung für einen WIG-Schweißstab?

A) G3 Si1
B) O3 Si1
C) W3 Si1
D) T3 Si1

9. Bei welchen Wolframelektroden sind besondere Bedingungen zur Arbeitssicherheit zu beachten?

A) WCe
B) WLa
C) WP
D) WTh

10. Ein Schweißstab zum WIG-Schweißen hat die Bezeichnung ISO 636-A – W 3Si1. Wofür steht 3Si1?

A) chemische Zusammensetzung
B) Stabdurchmesser
C) Mindeststreckgrenze
D) Kohlenstoffgehalt 3%

11. Was wird durch den Einsatz von Formiergas beim Schweißen erreicht?

A) Langsamere Abkühlung
B) Verhindern von Oxidation der Wurzel
C) Erhöhen der Schweißgeschwindigkeit beim Wurzelschweißen
D) Vermeiden von Kaltstellen im Bereich der Wurzel

12. Eine Wolframelektrode WLa 15 hat wie viel % Lanthanoxid?

A) 15,00 %
B) 1,50 %
C) 0,15 %
D) 0,015 %

13. Was ist ein Nachteil der reinen Wolframelektrode?

A) Teurer
B) Geringere Standzeit
C) Verringerte Lichtbogenstabilität bei Wechselstrom
D) Geringere Gleichrichterwirkung bei Wechselstrom

14. Warum kann man zum WIG-Schweißen von Stahl kein CO_2 als Schutzgas verwenden?

A) Die Wolframelektrode würde oxidieren und abschmelzen
B) Die Lichtbogenspannung würde zu hoch werden
C) Mangan und Silizium würden in unzulässigen Mengen ausbrennen
D) Der starke Lichtbogeneinbrand würde bei Kehlnähten Einbrandkerben verursachen

15. Wolframelektroden zum WIG-Schweißen erhalten Oxidzusätze, damit…

A) …eine schöne runde Kuppe beim Wechselstromschweißen mit hohen Strömen erreicht wird
B) …die Emissionsfähigkeit verbessert und damit die Standzeit erhöht wird
C) …der Einbrand breiter wird, ohne an Tiefe zu verlieren
D) …das Anschleifen der Wolframelektrode eingespart werden kann

Schweißzusätze Lichtbogenhandschweißen

1. Welche Stabelektrode wird ausschließlich im Pipelinebau eingesetzt?

A) ISO 2560-A – E 42 0 RC 11
B) ISO 2560-A – E 41 2 C 25
C) ISO 2560-A – E 42 4 B 42 H 5
D) ISO 2560-A – E 38 0 RR 54

2. Welche Eigenschaft besitzt folgende Elektrode ISO 2560-A – E 42 4 B 42 H5?

A) nur in Wannenlage verschweißbar
B) hohe Zähigkeit des Schweißguts
C) nur an Wechselstrom verschweißbar
D) in allen Positionen verschweißbar

3. Welche der folgenden Angaben ist für die Bezeichnung einer Stabelektrode verbindlich?

A) Art der Umhüllung
B) Ausbringung und Stromart
C) Schweißposition
D) Wasserstoffgehalt des Schweißguts

4. Ein Baustahl mit einer Mindeststreckgrenze von 460 N/mm² soll verschweißt werden. Welche der folgenden Stabelektroden ist zu wählen?

A) ISO 2560-A – E 47 11 B 17
B) ISO 2560-A – E 50 4 B 42 H5
C) ISO 2560-A – E 42 0 RC 11
D) ISO 2560-A – E 38 0 RR 54

5. Es sind Kehlnähte an langen Bauteilen mit hoher Abschmelzleistung zu schweißen. Welche Stabelektrode ist zu wählen?

A) ISO 2560-A – E 42 0 RC 11
B) ISO 2560-A – E 38 0 RR 74
C) ISO 2560-A – E 41 2 C 25
D) ISO 2560-A – E 21 9 G 15

6. Welches Merkmal der Stabelektrodenbezeichnung ISO 2560-A – E 38 0 AR 12 kennzeichnet die Zugfestigkeit und Streckgrenze?

A) 38
B) 0
C) AR
D) 12

7. Welches Merkmal der Stabelektrodenbezeichnung ISO 2560-A – E 38 0 AR 12 kennzeichnet die Kerbschlagarbeit des Schweißguts?

A) 38
B) 0
C) AR
D) 1

8. Welches Kurzzeichen hat eine dick rutilumhüllte Stabelektrode?

A) C
B) RA
C) RR
D) R

9. Welche Kennziffer gilt für alle Schweißpositionen?

A) 1
B) 2
C) 3
D) 4

10. Welche Kennziffer gibt den maximalen Wasserstoffgehalt im Schweißgut an?

A) RR
B) 7
C) H15
D) W12

11. Welcher Stabelektrodentyp ist zellulose umhüllt?

A) R
B) A
C) C
D) B

12. Welche der aufgeführten Stabelektroden ist auch für die Fallnahtschweißung geeignet?

A) RB
B) RR
C) RC
D) RA

13. Was bedeutet „Ausbringung = 175% “ bei einer Stabelektrode?

A) Das Schweißgut besteht aus 175% Eisenpulver
B) Gewicht des Schweißgutes ist um 75% größer als das Gewicht des abgeschmolzenen Kernstabes
C) Die Ausbringung der Umhüllung beträgt 175%
D) Die Ausbringung des Kernstabes beträgt 175%

14. Welche Angabe kann man der Bezeichnung ISO 2560-A – E 42 4 B 42 H5 nicht entnehmen?

A) Umhüllungstyp
B) Abmessungen
C) Schweißposition
D) Mindeststreckgrenze

15. Um welchen Umhüllungstyp handelt es sich bei der Bezeichnung ISO 2560-A – E 42 0 RR 12 ?

A) Rutil umhüllt
B) Basisch umhüllt
C) Dick rutilumhüllt
D) Rutil umhüllt (12 mm dick)

16. Welcher Stabelektrodentyp ist sauer umhüllt?

A) A
B) B
C) C
D) R

17. Welche Stabelektrode wird vorwiegend mit Gleichstrom am Pluspol verschweißt?

A) RR
B) RC
C) B
D) A

18. Welche Eigenschaft wird in der Norm für die Bezeichnung einer Stabelektrode durch eine Kennziffer bezeichnet?

A) Streckgrenze
B) Elastizitätsgrenze
C) Rissgrenze
D) Schmelzgrenze

19. Wie werden die Stabelektroden für das Verbindungsschweißen nach DIN EN ISO 2560 eingeteilt?

A) Nach der Wanddicke der Werkstücke
B) Nach gesetzlichen Vorschriften
C) Nach dem Umhüllungstyp
D) Nach Angaben der Elektrodenhersteller

20. Die Bezeichnung einer Stabelektrode nach DIN EN ISO 2560-A lautet: E 38 3 B 2 2 H5. Was bedeutet darin die Ziffer 38?

A) Kennziffer für Streckgrenze
B) Kennziffer für Kerbschlagarbeit
C) Angabe über 38 % Ausbringung
D) Kennziffer für Stromart

21. Was ist unter anderem die Aufgabe der Stabelektrodenumhüllung?

A) Die Stabelektrode vor äußeren Einflüssen schützen
B) Die Blaswirkung verhindern
C) Der Schweißnaht Sauerstoff und Stickstoff zuführen
D) Den Lichtbogen stabilisieren

22. Welcher Umhüllungstyp muss nach Herstellerangaben rückgetrocknet werden?

A) rutil umhüllt
B) cellulose umhüllt
C) sauer umhüllt
D) basisch umhüllt

23. Welcher Umhüllungstyp gibt ein grobschuppiges Nahtaussehen?

A) dick rutilumhüllt
B) sauer umhüllt
C) basisch umhüllt
D) rutil-sauer umhüllt

24. Welche Eigenschaften werden in der Norm für die Bezeichnung einer Stabelektrode nicht durch einen Kennbuchstaben / Kennzahl erfasst?

A) Werkstoffeigenschaften
B) Umhüllungsart
C) Ausbringung
D) Fließverhalten

25. Bei der Bezeichnung einer Stabelektrode ISO 2560-A – E 42 2 RB12 bedeutet die Ziffer 42...

A) Mindeststreckgrenze 420 N/mm^2
B) Kerbschlagarbeit 42 J
C) Schweißposition 42°
D) Mindestelektrodenlänge 42 mm

26. Die Bezeichnung einer Stabelektrode nach DIN EN ISO 2560-A lautet: E 38 0 RR. Welche Aussage ist richtig?

A) E = Elektrode
B) 38 = 38% Ausbringung
C) 0 = nur über 0°C Temperatur zu verschweißen
D) RR = dick rutilumhüllt

Schweißzusätze Gasschweißen

1. Welcher Schweißstab ist am dünnfließendsten?

A) O III
B) O I
C) O IV
D) O V

2. Auf welcher Grundlage erfolgt die Einteilung der Gasschweißstäbe in die Gruppen?

A) nach dem Drahtdurchmesser
B) nach der chemischen Zusammensetzung
C) nach der Mindeststreckgrenze
D) nach der Bruchdehnung

3. Für welche Werkstoffgruppen sind die Schweißstäbe nach DIN EN ISO 20378 geeignet?

A) unlegierte und warmfeste Stähle
B) austenitische Stähle
C) ferritische Stähle
D) höherfeste Stähle

4. Welche Art von Schweißzusatz findet beim Gasschweißen Anwendung?

A) Schweißstab
B) Stabelektrode
C) Massivdrahtelektrode
D) Fülldrahtelektrode

5. Welcher Schweißstab neigt stärker zur Porenbildung?

A) O I
B) O III
C) O IV
D) O V

6. Wodurch unterscheidet sich Schweißstab O III von Schweißstab O II?

A) höherer Kohlenstoffgehalt
B) höherer Schwefelgehalt
C) höherer Phosphorgehalt
D) höherer Nickelgehalt

7. Durch welche Maßnahme können Gasschweißstäbe nicht verwechselt werden?

A) durch unterschiedliche Stablängen
B) durch Einprägungen
C) durch die Fließprobe
D) durch die Aufschweißprobe

8. Welche Norm enthält Angaben über Schweißzusätze beim Gasschweißen?

A) DIN EN ISO 636
B) DIN EN ISO 2560
C) DIN EN ISO 20378
D) DIN EN ISO 14175

9. Für welchen Werkstoff wird der Schweißstab O V verwendet?

A) St 35.8
B) 13CrMo4-5
C) S235
D) St 44.4

10. Welcher Gasschweißstab enthält Nickel?

A) O I
B) O II
C) O III
D) O IV

11. Welche Anforderungen werden an die Eigenschaften eines Zusatzwerkstoffes zum Verbindungsschweißen gestellt?

A) Sollte ein hartes und verschleißfestes Schweißgut liefern
B) Sollte ein zähes Schweißgut liefern, das gleiche Festigkeit und Dehnung wie der Grundwerkstoff hat
C) Der Kohlenstoffgehalt im Schweißgut sollte möglichst hoch sein
D) Der Mangangehalt im Schweißgut sollte möglichst niedrig sein

12. Wie verhält sich der Gasschweißstab O I beim Schweißen?

A) Zähfließend, keine Spritzer, Porenneigung
B) Weniger dünn fließend, keine Porenneigung
C) Dünn fließend, wenig Spritzer, Porenneigung
D) Dünn fließend, viele Spritzer, Porenneigung

13. Welcher der angegebenen Schweißstäbe hat die höchsten Anschaffungskosten?

A) O I
B) O II
C) O III
D) O IV

14. Welcher Schweißstab neigt stark zur Spritzerbildung?

A) O I
B) O II
C) O III
D) O IV

15. Welches Prägezeichen trägt der Schweißzusatzwerkstoff zum Gasschweißen O VI und wofür ist er einzusetzen?

A) V für 13CrMo 4 -5
B) II für S235
C) IV für 16Mo3
D) VI für 10CrMo 9-10

16. Welcher Schweißstab sollte zum Schweißen des Baustahls S355 verwendet werden?

A) O I
B) O II
C) O III
D) O VI

Arbeitssicherheit, Unfallverhütung

1. Welche Gefährdung ist typisch für das Gasschweißen?

A) Brand- und Explosionsgefahr
B) Gefahr durch Stromschlag
C) Vergiftungsgefahr
D) Erstickungsgefahr

2. Welche Gefährdung ist typisch für Lichtbogen-Schweißprozesse?

A) Brand- und Explosionsgefahr
B) Gefahr durch Stromschlag
C) Vergiftungsgefahr
D) Erstickungsgefahr

3. Wie schützt sich der Schweißer vor den Gefahren beim Schweißen?

A) Durch sportliche Betätigung
B) Durch regelmäßige Arztbesuche
C) Durch das Tragen von persönlicher Schutzausrüstung
D) Durch das Tragen von Sportschuhen

4. Durch welche Maßnahmen kann sich der Lichtbogenschweißer vor dem elektrischen Strom schützen?

A) Durch die Einhaltung der Festlegungen auf dem Schweißerlaubnisschein
B) Durch selbständige Ausführung von Reparaturarbeiten an der Schweißstromquelle
C) Durch die Verwendung von Gleichstrom
D) Durch ausreichende Isolation des Körpers (z. B. mit Lederhandschuhen, Schuhwerk mit Gummisohlen, Schweißerschutzanzug)

5. Wie schützt sich der Schweißer vor der Aufnahme von Schadstoffen über die Atemwege?

A) Durch den Einsatz von Entfettungsmitteln
B) Durch den Einsatz von Lüftungs- und Absauganlagen
C) Durch die Belüftung mit sauerstoffreicher Luft
D) Durch die Verwendung eines schwer entflammbaren Schweißeranzugs

6. Ab welchem Lärm-Bewertungspegel ist Gehörschutz zu tragen?

A) Über 75 dB (A)
B) Über 85 dB (A)
C) Über 90 dB (A)
D) Über 95 dB (A)

7. Welcher Schadstoff kann zu Lungenkrebs führen?

A) Rauche mit Chromaten
B) Rauche mit Eisenoxiden
C) Nitrose Gase
D) Ozon

8. Welche Handlung ist bei einem Brand in Räumen zu unterlassen?

A) Feuerwehr alarmieren
B) Gefährdete Personen warnen
C) Gekennzeichnetem Rettungsweg folgen
D) Türen und Fenster öffnen

9. Welche Information enthält das abgebildete Sicherheitszeichen?

A) Öffentliche Telefonzelle
B) Brandmelder
C) Telefon der Geschäftsleitung
D) Telefon für Notarzt

10. Welche Unfallverhütungsvorschrift ist im Zusammenhang mit Schweißen, Schneiden und verwandten Verfahren besonders zu beachten?

A) DGUV Vorschrift 1
B) DGUV Information 209-023
C) DGUV Regel 100-500
D) DGUV Vorschrift 35

11. Welche Gefahren treten bei der Anwendung von Schweißprozessen auf?

A) Herzinfarktgefahr
B) Absturzgefahr
C) Gefahr durch optische Strahlung und Spritzer
D) Stolpergefahr

12. Was ist mit dem Elektrodenhalter bzw. Schweißbrenner in Arbeitspausen zu tun?

A) unter den Arm klemmen
B) mit dem Schweißkabel um den Hals hängen
C) auf isolierter Unterlage ablegen
D) auf dem Gehäuse der Schweißstromquelle ablegen

13. Was bewirkt erhöhter Sauerstoffgehalt in der Luft am Arbeitsplatz?

A) Erhöhung der Verbrennungsgeschwindigkeit und -temperatur
B) Verbesserung der Raumluft
C) Verringerung der Schweißrauche
D) Verringerung der Entflammbarkeit

14. Durch welche Maßnahme kann ein unkontrolliertes Ausströmen von Sauerstoff oder Acetylen verhindert werden?

A) Begrenzen des Funkenfluges
B) Abkühlen des Schweißbrenners im Wasserbad
C) tägliche Sicht- und Funktionsprüfung der Gerätetechnik
D) Einschalten der Absauganlage

15. Welche Strahlungsart des Lichtbogens kann ein „Verblitzen" der Augen und starke Hautrötung verursachen?

A) infrarote Strahlung
B) ultraviolette Strahlung
C) Lichtstrahlung
D) Wärmestrahlung

16. Welche Strahlungsart kann grauen Star verursachen?

A) Wärmestrahlung
B) Lichtstrahlung
C) UV-Strahlung
D) Röntgenstrahlung

17. Wann ist bei Schweiß- und Schneidprozessen eine Lüftung/Absaugung vorgeschrieben?

A) wenn Acetylen aus dem Brenner entweicht
B) bei Überschreiten der Grenzwerte in der Luft am Arbeitsplatz
C) wenn die Schweißaufsicht nicht anwesend ist
D) wenn mit Atemschutzgerät gearbeitet wird

18. Das Netzanschlusskabel der Schweißstromquelle zeigt blanke Stellen. Was ist zu tun?

A) Der zuständige Elektriker repariert fachgerecht das Netzanschlusskabel
B) Der Schweißer isoliert die schadhafte Stelle mit Isolierband
C) Die einzelnen Adern des Kabels berühren sich nicht und somit darf die Schweißstromquelle eingeschaltet werden.
D) Die Schweißstromquelle ist zur Reparatur an das Herstellerwerk zu schicken

Arbeitssicherheit im Fertigungsbetrieb

1. Was ist bei der Aufstellung von Druckgasflaschen in der Werkstatt zu beachten?

A) Aufstellung neben einer offenen Feuerstelle zur Verbesserung der Gasausbeute
B) Aufstellung in Durchgängen und Fluren zur Verkürzung des Transportwegs
C) Aufstellung am Arbeitsplatz und Sicherung gegen Umfallen mit Ketten oder Schellen
D) In schräger Lage gegen eine Wand stellen, damit sie nicht umfallen können

2. In welcher Stellung befindet sich die Stellschraube am Druckminderer beim Öffnen des Druckgasflaschenventils?

A) Stellschraube hineingedreht, Einstellfeder und Membrane belastet
B) Stellschraube leicht hineingedreht, Einstellfeder und Membrane leicht belastet
C) Stellschraube am Druckminderer weist senkrecht nach oben
D) Stellschraube herausgedreht, Einstellfeder und Membrane vollständig entlastet

3. Welche Absaugeinrichtung gestattet die Absaugung der Schadstoffe an der Entstehungsstelle?

A) stationäre Absaugeinrichtung
B) Schweißbrenner mit integrierter Absaugung
C) freie Lüftung, z. B. offene Fenster
D) Atemschutzgerät

4. Wann kann beim Schweißen Atemschutz erforderlich sein?

A) beim Schweißen an gestrahlten Blechen in waagrechter Position (PA)
B) in Behältern, beim Schweißen von verzinkten oder verbleiten Bauteilen
C) bei Schweißarbeiten an Behältern mit gefährlichem Inhalt
D) bei Schweißarbeiten in brandgefährdeten Arbeitsstätten

5. Was ist zu tun, damit unbeteiligte Personen nicht den Gefahren der Schweißtechnik ausgesetzt werden?

A) Personen sind für sich selber verantwortlich
B) keine Maßnahmen erforderlich
C) Werkleitung trägt die Verantwortung
D) Aufstellen von Stellwänden, Absperren von Gefahrbereichen

6. Welche Maßnahmen sind zu ergreifen, wenn Brandgefahr besteht?

A) Für gute Belüftung sorgen
B) Schweißerlaubnisschein mit festgelegten Sicherheitsmaßnahmen fordern
C) Für gut leitenden Anschluss der Werkstückklemme sorgen
D) Nur Stromquellen mit der Kennzeichnung **S** verwenden

7. Welche Maßnahmen sind zur Beseitigung der Brandgefahr zu ergreifen?

A) Einstellung einer weichen Schweißflamme (geringerer Wärmeinhalt)
B) Erhöhung der Schweißgeschwindigkeit zur Verringerung des Wärmeeintrages
C) Verringerung der Schweißstromstärke (weniger Wärme und Spritzer)
D) Entfernen bzw. Anfeuchten oder Abdecken brennbarer Stoffe

8. Welche der folgenden Arbeiten dürfen nur mit Schweißerlaubnisschein ausgeführt werden?

A) Schweißen an einem Stahlträger in einer Schweißwerkstatt
B) Reparaturschweißung an einem Heizungsrohr in einem Möbellager
C) Neufertigung von Kraftstofftanks
D) Reparaturschweißung an einem Kettenrad in einer Schweißwerkstatt

9. Bei Schweißarbeiten in Behältern verschlechtert sich die Atemluft. Welche Maßnahmen sind durchzuführen?

A) Zufuhr von Sauerstoff
B) Zufuhr von mit Sauerstoff angereicherter Luft
C) ausreichende Absaugung und Belüftung mit Frischluft
D) Belüftung mit Stickstoff

10. Worauf ist bei der Ausführung von Lichtbogenschweißarbeiten in Behältern besonders zu achten?

A) nur Schweißstromquellen mit einer Leerlaufspannung größer 113 V verwenden
B) Schweißstromquelle muss zusätzlich gekennzeichnet sein, z. B. mit einem S
C) Normale Arbeitskleidung tragen
D) isolierende Unterlagen sind nicht erforderlich

11. Welche zusätzlichen Gefahren können bei Schweißarbeiten in Werkstätten auftreten?

A) Unterkühlung
B) Beschädigung von Gasschläuchen und Schweißkabeln, z. B. durch Gabelstapler
C) sehr erschwerte Fluchtmöglichkeiten
D) sehr ungünstige Arbeitsbedingungen

12. Wie hat der Transport von Druckgasflaschen im Werkstattbereich zu erfolgen?

A) aufgrund des Gewichts durch rollen auf dem Boden
B) mit Hubmagneten oder Greifern
C) mit einem Flaschenwagen und aufgeschraubter Schutzkappe
D) mit Lastketten oder Seilen

13. Wie muss ein Druckminderer an das Flaschenventil angeschlossen werden?

A) Stellschraube am Druckminderer senkrecht nach unten weisend
B) Stellschraube am Druckminderer waagerecht oder schräg liegend
C) Ausblasöffnung des Sicherheitsventils zum Bedienenden zeigend
D) Stellschraube am Druckminderer senkrecht nach oben weisend

14. Wann handelt es sich um einen explosionsgefährdeten Bereich?

A) bei Anhäufung von Papier und Pappe
B) bei Anhäufung von Textilien
C) bei Anreicherung der Luft mit Stäuben oder Gasen
D) bei Anhäufung von Holzwolle

15. Welche Maßnahmen sind bei Unfällen sofort zu ergreifen?

A) Beratung, wie geholfen werden kann
B) Warnsignale geben
C) Erste Hilfe leisten, ausgebildeten Ersthelfer herbeiholen
D) Familienangehörige benachrichtigen

16. Wie ist eine Schweißstromquelle für Arbeiten unter erhöhter elektrischer Gefährdung gekennzeichnet?

A) 100 V
B) GS
C) S
D) TÜV

17. Was bedeutet das abgebildete Zeichen an einer Schweißstromquelle?

S

A) zum Schweißen geeignet
B) mit zusätzlicher Sicherheitseinrichtung
C) mit Anschluss für Schleifeinrichtung
D) für Arbeiten unter erhöhter elektrischer Gefährdung

18. Welche höchste Spannung darf eine Lampe für die Beleuchtung bei Arbeiten im Kessel haben?

A) 24 V
B) 48 V
C) 65 V
D) 220 V

19. Warum darf Sauerstoff nicht zur Belüftung von Räumen verwendet werden?

A) Erhöhung des Sauerstoffanteiles führt zu Atemproblemen
B) Erhöhung des Sauerstoffanteiles bildet Ozon
C) Stichflammenartige Verbrennung, wenn die Luft erhöhten Sauerstoffgehalt hat
D) Bildung von Schwitzwasser

20. Warum sind bei schweißtechnischen Arbeiten an Behältern besondere Schutzmaßnahmen erforderlich?

A) Wasserbildung
B) Verformungsgefahr
C) Wanddurchbrand
D) Explosions- oder Erstickungsgefahr

21. Welche Kennzeichnung der Schweißstromquellen erlaubt das Schweißen in engen Räumen?

A) Die Symbole S, K oder 42V
B) DIN A6
C) Geprüfte Sicherheit
D) Ohne Kennzeichnung

22. Was kann ein Stromfluss durch den menschlichen Körper bewirken?

A) Nichts
B) Wärmeentwicklung
C) Muskelverkrampfungen, Herzrhythmusstörungen
D) Explosionsgefahr

23. Wann kann noch ein Schwelbrand durch Funkenflug entstehen?

A) nach mehreren Stunden
B) zeitlich unbegrenzt
C) nicht möglich
D) nur nach wenigen Minuten

24. Welche Luftveränderungen können beim Einsatz von Schmelzschweißverfahren in engen Räumen vorkommen?

A) Keine
B) Kälte
C) Statische Aufladung
D) Sauerstoffmangel

25. Welche Wirkung hat die Aufnahme von Schadstoffen in den menschlichen Körper?

A) Gesundheitsgefährdung
B) Jucken der Haut
C) Brennen der Fußsohle
D) Keine

26. Womit wird bei schweißtechnischen Arbeiten in engen Räumen belüftet?

A) Sauerstoff
B) Stickstoff
C) Kohlendioxid
D) Luft

27. Wer überwacht die Schweißarbeiten an Behältern mit gefährlichem Inhalt?

A) Betriebsrat
B) Sachkundige Aufsicht außerhalb des Behälters
C) Schweißer
D) Brandwache

28. Wann sollten Lichtbogenschweißarbeiten nicht durchgeführt werden?

A) Wenn optische Strahlung auftritt
B) Wenn die Werkstücke warm sind
C) Wenn im Schweißstromkreis defekte Leitungen sind
D) Wenn die Betriebsbeschreibung fehlt

29. Wodurch lässt sich ein Brand bekämpfen?

A) Durch Einblasen von Sauerstoff
B) Durch Brennstoffzufuhr
C) Durch Öffnen der Fenster
D) Durch Abdecken der Flamme

30. Bis zu welcher Entfernung kann der Funkenflug bei Schweiß-, Löt-, Schneid- und Schleifarbeiten Brände verursachen?

A) 1 m
B) 3 m
C) 5 m
D) 10 m

31. Wann ist bei schweißtechnischen Arbeiten eine Brandwache erforderlich?

A) In keinem Fall
B) Bei allen schweißtechnischen Arbeiten
C) Bei Schneidarbeiten unter Wasser
D) In brandgefährdeten Bereichen

32. Wodurch wird bei Arbeiten mit der Schweißflamme in engen Räumen die Gefahr des Erstickens hervorgerufen?

A) Durch Schweißen mit Acetylenüberschussflamme
B) Die Flamme verbraucht den Luftsauerstoff
C) Wenn in diesem Raum gleichzeitig ein Acetylenentwickler arbeitet
D) Durch Schweißen mit einer weichen Flamme

33. Was sind die wesentlichen Gefahren der Schweißtechnik?

A) Blaswirkung
B) Hitze am Arbeitsplatz
C) Leere Gasflaschen
D) Brand- und Explosionsgefahr

34. Welche Brandschutzmaßnahmen sind bei allen Schweißarbeiten vorher zu treffen?

A) Überprüfung der Gesundheit des Schweißers
B) Verständigung des Hausmeisters
C) Ratschläge bei der Polizei einholen
D) Überprüfung – Abschottung (Abdeckung) – Beseitigung brennbarer Stoffe/Bereiche

35. Wie können Schadstoffe in der Lichtbogenschweißtechnik abgewehrt werden?

A) Lüftung/Absaugung
B) Wahl der Schweißstromquelle
C) Schweißerprüfung
D) Blaswirkung

36. Welche Maßnahme dient <u>nicht</u> der Brandbekämpfung?

A) Das Entfernen brennbarer Stoffe
B) Eine Wärmeableitung vornehmen
C) Das Abdecken der Flamme
D) Den Raum belüften

37. Wozu darf Sauerstoff niemals verwendet werden?

A) Zum Brennfugen
B) Zum Ausblasen der Kleidung
C) Zum Brennschneiden
D) Zum Flammwärmen

38. Welche Maßnahmen sind zu ergreifen, wenn die Explosionsgefahr <u>nicht</u> beseitigt werden kann?

A) Mit Sauerstoff belüften
B) Fluchtwege markieren
C) Schweißtechnische Arbeiten verbieten
D) Schweißtechnische Arbeiten genehmigen

39. Welche Wirkung muss die Schutzfüllung eines Behälters mit vormals gefährlichem Inhalt haben?

A) Brandfördernd
B) Temperaturfördernd
C) Flammenerstickend
D) Ohne Wirkung

40. Wie kann sich der Schweißer vor einem Stromfluss durch den menschlichen Körper schützen?

A) Persönliche Schutzausrüstung
B) Arbeitsplatz mit Wasser besprühen
C) Ohne Schweißerschutzhandschuhe schweißen
D) Feuchte Arbeits- oder Schutzkleidung tragen

41. Was ist bei der Wahrnehmung von Acetylengeruch in geschlossenen Räumen als erstes zu tun?

A) Nichts, da Acetylen-Luft-Gemische nicht gefährlich sind
B) Acetylenschlauch auf undichte Stellen überprüfen und abdichten
C) Schweißarbeit einstellen und für gute Durchlüftung des Raumes sorgen
D) Fenster öffnen und weiterschweißen

42. Was fördert ein erhöhter Sauerstoffanteil in der Luft?

A) Entflammbarkeit auch schwer brennbarer Stoffe
B) Erwärmung der Luft
C) Ozonbildung
D) Atembeschwerden

43. Wer hat nach der DGUV Regel 100-500 für die sicherheitsgerechte Beschaffenheit der schweißtechnischen Einrichtungen im Betrieb zu sorgen?

A) Der Schweißer
B) Der Unternehmer
C) Die Berufsgenossenschaft
D) Der Gerätehersteller

44. Welche Gefahren sind mit Schweiß-, Löt-, Schneid- und Schleifarbeiten verbunden?

A) Abkühlung
B) Einsturzgefahr
C) Brände
D) Keine

45. Welche Maßnahmen sind zu ergreifen, wenn die Brandgefahr nicht beseitigt werden kann?

A) Ohne Brandwache schweißen, Löten, Schneiden, Schleifen
B) Unter anderem schriftliche Schweißerlaubnis
C) Keine Abdeckung brennbarer Stoffe
D) Keine Kontrolle nach Arbeitsschluss

Arbeitssicherheit auf der Baustelle

1. Wodurch kann die Absturzgefahr bei Schweißarbeiten im Stahlhochbau verhindert werden?

A) Durch Arbeitsausführung auf Anstellleitern
B) Durch die Verwendung von festem Schuhwerk mit stark profilierter Sohle
C) Durch den Einsatz von Anseilschutz
D) Durch die Ausstellung eines Schweißerlaubnisscheins

2. Welche Bedingungen führen zu einer erhöhten elektrischen Gefährdung?

A) Wenn der freie Bewegungsraum zwischen elektrisch leitfähigen Teilen größer als 2 m ist
B) Wenn sich zwischen dem Schweißer und den elektrisch leitfähigen Teilen isolierende Unterlagen befinden
C) Wenn die Schweißstromquelle den Schutzgrad IP23 aufweist
D) Wenn der freie Bewegungsraum zwischen elektrisch leitfähigen Teilen kleiner als 2m ist

3. Welches Zeichen weist darauf hin, dass die Schweißstromquelle für Arbeiten unter hoher elektrischer Gefährdung geeignet ist?

A) IP21 B) **S** C) U_0 D) 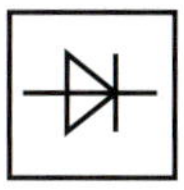

4. Wo ist die Schweißstromrückleitung anzuschließen, wenn der Abstand zum Schweißteil sehr lang ist?

A) An der zu schweißenden Konstruktion mit langer Rückleitung
B) Unter Benutzung der vorhandenen Stahlkonstruktion mit kurzer Rückleitung
C) Unter Benutzung von Rohrleitungen mit kurzer Rückleitung
D) Unter Benutzung von Schienen mit kurzer Rückleitung

5. An einem Benzinbehälter ist eine Reparaturschweißung durchzuführen. Welche der aufgeführten Sicherheitsmaßnahmen ist richtig?

A) Befahrerlaubnisschein ausstellen
B) Behälter mit Wasser füllen
C) Atemschutzgerät benutzen
D) Leerlaufspannung auf 48 V begrenzen

6. Worauf ist beim Transport von Druckgasflaschen (Kleinstmengen) in geschlossenen Fahrzeugen zu achten?

A) Ausreichende Befüllung des Kraftfahrzeugtanks
B) Vorhandensein eines Beifahrers
C) Ausreichende Lüftung des Laderaums
D) Warntafel am Fahrzeug

7. Welcher Gefährlichkeits-Faktor ist nach der Gefahrgutverordnung Straße, Eisenbahn und Binnenschifffahrt (GGVSEB) für Sauerstoffflaschen zutreffend?

A) 4
B) 3
C) 2
D) 1

8. Welche zusätzlichen Gefahren können bei Schweißarbeiten auf Baustellen im Stahlhochbau auftreten?

A) Unterdimensionierung der Schweißkabel
B) Absturzgefahr aus großen Höhen
C) Große Konzentration an Schadstoffen
D) Mangel an Atemluft

9. Welcher Anstellwinkel gestattet die sichere Benutzung von Anstellleitern?

A) 30 bis 40°
B) 45 bis 55°
C) 65 bis 75°
D) 80 bis 95°

10. Wann liegt eine erhöhte elektrische Gefährdung vor?

A) Wenn der freie Bewegungsraum zwischen elektrisch leitfähigen Teilen größer als 2 m ist
B) Wenn sich zwischen dem Schweißer und den elektrisch leitfähigen Teilen isolierende Unterlagen befinden
C) Wenn die Schweißstromquelle den Schutzgrad IP23 aufweist
D) Wenn der elektrische Widerstand der Haut und der Arbeitsschutzkleidung durch Feuchtigkeit erheblich vermindert ist

11. Wie hoch darf die effektive Leerlaufspannung eines Schweißtransformators bei hoher elektrischer Gefährdung sein?

A) 48 V
B) 60 V
C) 80 V
D) 113 V

12. Wie schützt sich der Schweißer bei hoher elektrischer Gefährdung vor dem Strom?

A) Durch Benutzung des Schweißerlaubnisscheins
B) Durch Erhöhung der Leerlaufspannung auf über 113 V
C) Durch die Verwendung isolierender Unterlagen
D) Durch den Einsatz von Schweißgleichrichtern

13. Wodurch können vagabundierende Schweißströme entstehen?

A) Durch die Verwendung isolierter Elektrodenhalter und Schweißbrenner
B) Durch das Ablegen des Elektrodenhalters bzw. Schweißbrenners auf das Stromquellengehäuse
C) Durch den festen Anschluss der Anschlussklemme am Werkstück
D) Durch die Verwendung von Wechselstrom zum Schweißen

14. Welche negativen Folgen haben vagabundierende Schweißströme?

A) Verstärkung der Blaswirkung
B) Verstärkte Entstehung von Schadstoffen
C) Zerstörung der Schutzleiter
D) Stärkere UV-Strahlung

15. Wann handelt es sich um einen Behälter mit gefährlichem Inhalt?

A) wenn Wasser enthalten ist
B) wenn Luft enthalten ist
C) wenn Stickstoff enthalten ist
D) wenn Benzindämpfe enthalten sind

16. Welches Gas eignet sich zur Herstellung einer flammenerstickenden Schutzfüllung in Behältern mit gefährlichem Inhalt?

A) Sauerstoff
B) Kohlendioxid
C) Propan
D) Wasserstoff

Arbeitssicherheit Metall-Schutzgasschweißen

1. Welche persönliche Schutzausrüstung ist bei Schweißarbeiten über Kopf zusätzlich erforderlich?

A) isolierende Zwischenlage
B) Schutzhandschuhe
C) schwer entflammbare Kopfbedeckung
D) Schutzschuhe mit Stahlkappen

2. Wie hoch darf die maximale Leerlaufspannung beim Schweißen mit Gleichstrom unter erhöhter elektrischer Gefährdung sein?

A) 48 V
B) 55 V
C) 80 V
D) 113 V

3. Was darf wegen erhöhter Verbrennungsgefahr nicht in der Arbeitsschutzkleidung aufbewahrt werden?

A) Einwegfeuerzeug
B) Taschentuch
C) Seitenschneider
D) Zigarettenschachtel

4. Welche Schutzstufe hat der Schweißschutzfilter 11 A 1 ...?

A) 1
B) 6
C) 9
D) 11

5. Wie sind Feuerlöscher zur Brandbekämpfung richtig einzusetzen?

A) Feuer gegen die Windrichtung bekämpfen
B) Flächenbrand von der Mitte nach außen bekämpfen
C) Flächenbrand vorn vom Rand zur Mitte bekämpfen
D) Feuerlöscher nacheinander zur Brandbekämpfung einsetzen

6. Welcher Gegenstand darf nicht in den Taschen der Schutzkleidung aufbewahrt werden?

A) Brennerschlüssel
B) Gasanzünder
C) Spraydose
D) Taschenmesser

7. Welche Zusammenschaltung von Schweißstromquellen ist aufgrund der Verdopplung der Leerlaufspannung nicht zulässig?

A) Parallelschaltung
B) Reihenschaltung
C) Serienschaltung
D) Zweierschaltung

8. Welcher von den aufgeführten Schweißerschutzfiltern hat den höchsten Filterwert?

A) 9 X1 ...
B) 10 X1...
C) 11 X1...
D) 12 X1...

9. Welches der aufgeführten Gase ist ein giftiger Schadstoff?

A) Ozon
B) Argon
C) Kohlendioxid
D) Wasserstoff

10. Welche Gefahr besteht beim Einsatz der Schutzgase (zum Beispiel Argon)?

A) Keine besonderen Gefahren
B) Vergiftungsgefahr
C) Explosionsgefahr
D) Erstickungsgefahr

11. Welche Persönliche Schutzausrüstung ist bei Schweißarbeiten unter mechanischer Gefährdung (z. B. Herabfallen von Teilen) zusätzlich zu tragen?

A) Schutzhandschuhe
B) Isolierte Zwischenlage
C) Schwer entflammbare Kopfbedeckung
D) Arbeitsschutzhelm

12. Warum ist die Reihenschaltung von Schweißstromquellen verboten?

A) Der Schweißstrom erhöht sich
B) Die Leerlaufspannung verdoppelt sich
C) Der Netzanschluss wird zu stark belastet
D) Das Einstellen der Schweißparameter ist zu schwierig

13. Welche Aussage zur Schutzstufe des Schutzfilters gegen optische Strahlung ist richtig?

A) Die empfohlene Schutzstufe richtet sich nach der Schweißstromstärke
B) Die empfohlene Schutzstufe richtet sich nach der Schweißspannung
C) Die empfohlene Schutzstufe richtet sich nach der Lichtbogenart
D) Die empfohlene Schutzstufe richtet sich nach der Schweißposition

14. Welche Schutzstufe für Augenschutzfilter wird beim MAG-Schweißen verwendet?

A) ab 10
B) ab 8
C) ab 5
D) ab 2

Arbeitssicherheit Wolfram-Inertgasschweißen

1. Welche persönliche Schutzausrüstung ist bei Schweißarbeiten über Kopf zusätzlich erforderlich?

A) Schutzbrille
B) Schutzhandschuhe
C) Schwer entflammbare Kopfbedeckung
D) Sicherheitsschuhe

2. Wie hoch darf die max. Leerlaufspannung eines Schweißgleichrichters unter normalen Bedingungen sein?

A) 48 V
B) 55 V
C) 80 V
D) 113 V

3. Welche Gefährdung geht von thorierten Wolframelektroden aus?

A) schwache Radioaktivität
B) Erzeugt das giftige Gas Kohlenmonoxid
C) Verstärkt die UV-Strahlung des Lichtbogens
D) Keine besondere Gefahr

4. Welche Schutzstufe hat der Schweißschutzfilter 11 X 1 ...?

A) 1
B) 6
C) 9
D) 11

5. Wie sind Feuerlöscher zur Brandbekämpfung richtig einzusetzen?

A) Feuer gegen die Windrichtung bekämpfen
B) Flächenbrand von der Mitte nach außen bekämpfen
C) Flächenbrand vom Rand zur Mitte bekämpfen
D) Feuerlöscher nacheinander zur Brandbekämpfung einsetzen

6. Welches der aufgeführten Gase ist ein giftiger Schadstoff?

A) Ozon
B) Argon
C) Kohlendioxid
D) Wasserstoff

7. Welche Gegenstände dürfen beim Schweißen nicht in den Taschen der Schutzkleidung aufbewahrt werden?

A) Brennerschlüssel
B) Gasanzünder
C) Einwegfeuerzeug, Spraydosen
D) Taschenmesser

8. Was ist eine Aufgabe des Schutzgases?

A) Schweißgut vor Einflüssen der Luft schützen
B) die Atemluft des Schweißers verbessern
C) das Schweißgut auflegieren
D) UV-Strahlung verringern

9. Welche Zusammenschaltung von Schweißstromquellen ist aufgrund der Verdopplung der Leerlaufspannung nicht zulässig?

A) Parallelschaltung
B) Reihenschaltung
C) Zweierschaltung
D) Dreierschaltung

10. Wer darf Veränderungen und Reparaturen im Netzstrombereich vornehmen?

A) Geprüfter Schweißer
B) Elektrofachmann
C) Schweißfachmann
D) Schweißlehrer

Arbeitssicherheit Lichtbogenhandschweißen

1. Welche Zusammenschaltung von Schweißstromquellen ist aufgrund der Verdopplung der Leerlaufspannung nicht zulässig?

A) Parallelschaltung
B) Reihenschaltung
C) Zweierschaltung
D) Dreierschaltung

2. Wann kommt es beim Anschluss mehrerer Schweißstromquellen an ein Bauteil zu einer ungewollten Reihenschaltung?

A) Wenn Parallelschaltung vorliegt
B) Wenn Gleich- und Wechselstromquellen gleichzeitig zum Einsatz kommen
C) Wenn mit unterschiedlicher Elektrodenpolung gearbeitet wird
D) Wenn hohe elektrische Gefährdung vorliegt

3. Welcher Schadstoff ist beim Lichtbogenhandschweißen vorherrschend?

A) Rauche
B) Stäube
C) Gase
D) Nitrose Gase

4. Welche Schutzstufe hat der Schweißschutzfilter 11 A 1 DIN 0196 CE?

A) 1
B) 6
C) 9
D) 11

5. Welcher Teil der Schweißerschutzausrüstung ist besonders wichtig beim Entfernen der Schlacke?

A) Schlackenhammer
B) Meißel
C) Schutzschild mit Freisichtscheibe
D) Atemschutz

6. Wie sind Feuerlöscher zur Brandbekämpfung richtig einzusetzen?

A) Feuer gegen die Windrichtung bekämpfen
B) Flächenbrand von der Mitte nach außen bekämpfen
C) Flächenbrand vorn vom Rand zur Mitte bekämpfen
D) Feuerlöscher nacheinander zur Brandbekämpfung einsetzen

7. Welche der folgenden Möglickeiten dient zum Schutz des Schweißers vor Rauchen?

A) Öfter den Atem anhalten, um möglichst wenig Rauch einzuatmen
B) In der Werkstatt für Durchzug sorgen
C) Starke Rauchentwicklung vermeiden, indem die vom Elektrodenhersteller empfohlenen Schweißparameter eingehalten werden
D) Eine Schweißrauchabsaugung in 2 m Abstand von der Schweißstelle positionieren

8. Welche persönliche Schutzausrüstung ist bei Schweißarbeiten über Kopf zusätzlich erforderlich?

A) Schutzbrille
B) Schutzhandschuhe
C) schwer entflammbare Kopfbedeckung
D) Sicherheitsschuhe

9. Wie hoch darf die maximale Leerlaufspannung eines Schweißgleichrichters unter normalen Bedingungen sein?

A) 48 V
B) 55 V
C) 80 V
D) 113 V

10. Wie kann sich der Schweißer vor den Gefahren schützen, die durch ungewollte Reihenschaltung entstehen?

A) Zur gleichen Zeit nicht zwei Elektrodenhalter anfassen
B) Isolierende Unterlagen benutzen
C) Die Leerlaufspannung auf maximal 113 V begrenzen
D) Nur Schweißstromquellen gleicher Bauart verwenden

11. Welcher von den aufgeführten Schweißerschutzfiltern hat den höchsten Filterwert?

A) 9 X 1 ...
B) 10 X 1 ...
C) 11 X 1 ...
D) 12 X 1 ...

12 . Welche Schutzstufe für Augenschutzfilter wird beim Lichtbogenhandschweißen verwendet?

A) 1-5
B) 4-8
C) 9-13
D) 12-15

Arbeitssicherheit Gasschweißen

1. Wodurch kann ein Acetylenzerfall in einer Druckgasflasche entstehen?

A) Durch zu geringe Gasentnahme
B) Durch ruckartiges Öffnen des Flaschenventils
C) Durch zu große Gasentnahme
D) Durch starke äußere Erwärmung der Druckgasflasche

2. Wie kann der Acetylenzerfall in einer Druckgasflasche festgestellt werden?

A) Die Druckgasflasche abhorchen
B) Das Flaschenventil kurzzeitig öffnen und feststellen, ob Ruß austritt
C) Die Druckgasflasche abklopfen
D) Die Flasche auf Gewichtszunahme überprüfen

3. Welche Faktoren haben auf die Menge an nitrosen Gasen einen Einfluss?

A) Schweißposition
B) Flammenlänge und Brenndauer
C) Sauerstoffdruck
D) Innendurchmesser des Brenngasschlauches

4. Welche Wirkungen üben nitrose Gase aus?

A) Verbessern die Flammenleistung
B) Verbessern die Atemluft
C) Führen zu Übelkeit, Kopfschmerzen, Lungenschäden
D) Stabilisieren die Schweißflamme

5. Wie sind Feuerlöscher zur Brandbekämpfung richtig einzusetzen?

A) Feuer gegen die Windrichtung bekämpfen
B) Flächenbrand von der Mitte nach außen bekämpfen
C) Flächenbrand vorn vom Rand zur Mitte bekämpfen
D) Feuerlöscher nacheinander zur Brandbekämpfung einsetzen

6. Welche persönliche Schutzausrüstung ist bei Schweißarbeiten in Behältern zusätzlich erforderlich?

A) Schutzbrille
B) Schutzhandschuhe
C) Sauberer schwer entflammbarer Schutzanzug
D) Gehörschutz

7. Wodurch kann eine Sekundärflamme entstehen?

A) Durch eine Acetylenüberschussflamme
B) Durch eine Sauerstoffüberschussflamme
C) Durch eine weiche Flamme
D) Durch unvollständige Verbrennung des Acetylens

8. Was ist ein nitroses Gas?

A) Edelgas
B) Schutzgas
C) Giftiges Gas
D) Brenngas

9. Wie behandelt man eine Acetylenflasche, die sich durch Acetylenzerfall erwärmt hat?

A) Man nimmt die Flasche außer Betrieb und benutzt sie am nächsten Tag wieder, da in der Zwischenzeit der Zerfall bei geschlossenem Ventil von alleine aufhört
B) Nach dem Schließen des Flaschenventils kühlt man die Flasche aus sicherer Deckung mit viel Wasser (Wasserstrahl)
C) Da eine Gasentnahme kühlend wirkt, wird ohne Unterbrechung weitergearbeitet
D) Man räumt schnellstens die Werkstatt und öffnet das Flaschenventil zur Entspannung der Flasche

10. Welche Schutzstufe sollte ein Augenschutzfilter für Gasschweißer im Normalfall haben?

A) 1-3
B) 4-6
C) 7-9
D) 10-15

11. Welche Aufgabe hat das Sintermetall in der Gebrauchsstellenvorlage?

A) Das Gas reinigen
B) Den Rücktritt von Sauerstoff verhindern
C) Den Rücktritt von Acetylen verhindern
D) Einen Flammendurchschlag in die Verteilerleitung verhindern

12. Acetylen wird bei höheren Drücken explosibel. Welchen Wert darf der Arbeitsdruck deshalb nicht überschreiten?

A) 1,5 bar (Überdruck)
B) 2,5 bar (Überdruck)
C) 15,0 bar (Überdruck)
D) 18,0 bar (Überdruck)

13. Welche Eigenschaft hat Sauerstoff?

A) Er ist hochexplosiv
B) Er brennt gut
C) Er ist leichter als Luft
D) Er fördert die Verbrennung

14. Womit müssen die Schläuche auf den Schlauchtüllen befestigt werden?

A) Mit Bindedraht fest eingebunden
B) Nur sehr leicht, damit sie bei einer Explosion im Gasschlauch abrutschen
C) Durch Presshülsen oder Ohrschellen
D) Keine Befestigung, nur in trockenem Zustand überschieben

15. Bis zu welchen Acetylenanteilen ist ein Gasgemisch Acetylen/Sauerstoff zündfähig?

A) 2,4...93,0 %
B) 9,5...18,0 %
C) 21,0...42,0 %
D) 70,0...95,0 %

16. Wie viel Teile Sauerstoff benötigt Acetylen für eine vollständige Verbrennung?

A) 1,0 Teil Sauerstoff
B) 1,5 Teile Sauerstoff
C) 2,0 Teile Sauerstoff
D) 2,5 Teile Sauerstoff

17. Welches Verbrennungsprodukt entsteht bei einer vollständigen Verbrennung von Acetylen?

A) Kohlenmonoxid
B) Kohlendioxid
C) Stickstoff
D) Wasserstoff

Methoden zur Nahtvorbereitung

1. Welches thermische Trennverfahren eignet sich zur Nahtvorbereitung?

A) Rollenschere
B) Schweißkantenformer
C) Brennschneiden
D) MSG-Schweißen

2. Mit welchem thermischen Trennverfahren kann eine V-Fuge an unlegierten Baustählen hergestellt werden?

A) Brennschneiden
B) Brennfugen
C) Schmelzfugen
D) Schweißkantenformer

3. Mit welchem thermischen Trennverfahren können Qualitätsschnitte an legierten Stählen (z. B. X5CrNi18-10) ausgeführt werden?

A) Brennschneiden
B) Brennfugen
C) Plasmaschneiden
D) Schweißkantenformer

4. Welches thermische Trennverfahren eignet sich zur Vorbereitung der U-Naht?

A) Brennschneiden
B) Plasmaschneiden
C) Laserschneiden
D) Brennfugen

5. Wie muss bei einem Handschneidbrenner die Heizflamme eingestellt werden?

A) Mit Sauerstoffüberschuss
B) Mit Acetylenüberschuss
C) Als normale Flamme mit geöffnetem Schneidsauerstoffventil
D) Zuerst Acetylen dann Sauerstoff

6. Was bedeutet die Einprägung 15 – 30 auf einer Schneiddüse?

A) Schneidsauerstoffdruck
B) Schneidbereich in Millimeter
C) Abstand Schneiddüse - Werkstückoberfläche
D) Größe der Heizdüse

7. Welche Einstellwerte haben beim Brennschneiden großen Einfluss auf die Schnittqualität?

A) Durchmesser des Brennerkopfes
B) Höhe des Schneidstromes
C) Werkstückdicke
D) Sauerstoffdruck und Schnittgeschwindigkeit

8. Welche Faktoren haben Einfluss auf die Güte eines Brennschnittes?

A) Düsenabstand und Sauberkeit der Schneiddüse
B) Die Länge des Schnittes
C) Die Art des Plasmagases
D) Die Kennzeichnung der Schneiddüse

9. Was ist Ursache für übermäßigen Rillennachlauf?

A) Heizflamme zu groß
B) Heizflamme zu klein
C) Brennervorschub zu schnell
D) Brennervorschub zu langsam

10. Welche Ursache hat starker Schlackenbart?

A) Brennervorschub zu schnell
B) Düsenabstand zu klein
C) Falsches Heizgas
D) Heizflamme zu groß

11. Beim Brennschneiden wird der Werkstoff örtlich

A) geschmolzen und mit Sauerstoff ausgeblasen
B) verbrannt und durch den Sauerstoffstrahl ausgeblasen
C) verbrannt und durch den Plasmastrahl ausgeblasen
D) verdampft und durch den Sauerstoffstrahl ausgeblasen

12. Beim Plasmaschneiden wird der Werkstoff örtlich

A) geschmolzen und mit dem Schneidsauerstoffstrahl ausgeblasen
B) verbrannt und mit der Druckluft ausgeblasen
C) verbrannt und mit dem Plasmastrahl ausgeblasen
D) geschmolzen und durch den Plasmastrahl ausgeblasen

13. Auf welche Temperaturen erwärmt die Heizflamme beim Brennschneiden örtlich die Werkstückoberfläche?

A) Entzündungstemperatur
B) Schmelztemperatur
C) Verdampfungstemperatur
D) Spannungsarmglühtemperatur

14. Welche Bedingung muss ein Werkstoff erfüllen, damit Brennschneiden möglich ist?

A) Entzündungstemperatur höher als die Schmelztemperatur
B) Entzündungstemperatur niedriger als die Schmelztemperatur
C) hohe Wärmeleitfähigkeit
D) möglichst dickflüssige Schlacke

15.Welcher Werkstoff ist zum Brennschneiden geeignet?

A) Aluminium
B) Kupfer
C) unlegierter Stahl
D) Grauguss

16. Welches Düsensystem besitzt eine hohe Rückzündsicherheit?

A) Ringdüse
B) Blockdüse
C) Schlitzdüse
D) gasemischende Düse

17. Welches Düsensystem ist zweiteilig?

A) Schneiddüse
B) Blockdüse
C) Schlitzdüse
D) Heizdüse

18. Womit wird beim Lichtbogen-Druckluftfugen der geschmolzene Werkstoff aus der sich bildenden Fuge geschleudert?

A) mit der Kohleelektrode
B) mit Sauerstoff
C) mit Druckluft
D) mit Argon

19. Eine Brennschnittfläche zeigt in der unteren Schnitthälfte Kolkungen. Was ist die Ursache?

A) Schneidgeschwindigkeit ist zu niedrig
B) Sauerstoffdruck ist zu hoch
C) Schneidgeschwindigkeit ist zu hoch
D) Abstand: Düse/Werkstück stimmt nicht

20. Häufig wird vor dem Brennschneiden der Schneidbrenner mit nur brennender Heizflamme über die Schnittlinie gezogen. Was soll damit erreicht werden?

A) Ein Anschmelzen der Oberfläche
B) Ein Aufheizen auf Zündtemperatur
C) Ein Verkürzen der Brennschneidzeit
D) Das Entfernen von Rost und Zunder

21. Wie heißt der Prozess, mit dem die Wurzel unter Verwendung eines Kohlelichtbogens ausgearbeitet wird?

A) Brennfugen
B) Plasmaschneiden
C) Brennschneiden
D) Lichtbogenausfugen mit Druckluft

22. Welche Aufgabe hat die Heizflamme beim Brennschneiden?

A) Werkstoff auf Schmelztemperatur erwärmen
B) Werkstoff auf Zündtemperatur erwärmen
C) Schlacke erzeugen
D) Luftsauerstoff von der Schnittstelle abhalten

23. Zu welcher Schneidbrennerdüse gehört diese Darstellung?

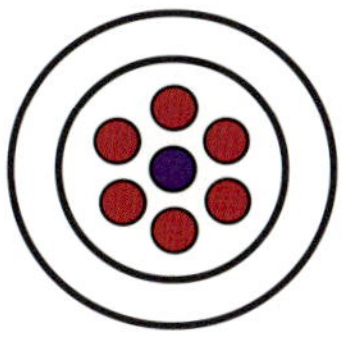

A) Ringdüse
B) Einteilige Stufendüse
C) Blockdüse
D) Schlitzdüse

24. Welche Aufgabe hat der Schneidsauerstoffstrahl beim Brennschneiden?

A) Die Schnittflächen zu kühlen
B) In der Schnittfuge den Stahl zu verbrennen und aus der Fuge zu blasen
C) Die Werkstückoberfläche zu säubern
D) Die umgebende Luft zu verdrängen, um Oxidation zu verhindern

25. Mit welchem thermischen Prozess wurde diese Schweißnaht bearbeitet?

A) Schmelzschneiden
B) Brennschneiden
C) Plasmaschneiden
D) Brennfugen

26. Welcher Werkstoff ist zum Brennschneiden geeignet?

A) Grauguss
B) Kupfer
C) S235
D) X5CrNi18-10

27. Welches Gas kann anstelle von Acetylen zum Brennschneiden Verwendung finden?

A) Propan
B) Argon
C) Stickstoff
D) Kohlendioxid (CO_2)

28. Was ist vor Beginn des Brennschneidens zu beachten?

A) Werkstück vorwärmen
B) Werkstück entrosten und entzundern
C) Werkstück kühlen
D) Werkstück mit Schneidsauerstoff sauber blasen

29. Die obere Schnittkante ist beim Brennschneiden stark angeschmolzen. Welche der genannten Fehlerquellen ist die Ursache?

A) Heizflamme ist zu groß
B) Schneidsauerstoffdruck ist zu gering
C) Abstand Düse/Werkstück ist zu groß
D) Schneiddüse ist unsauber

30. Welches Plasmagas kommt beim Plasmaschneiden zur Anwendung?

A) Acetylen
B) Helium
C) Kohlendioxid
D) Druckluft

31. Was ist die Voraussetzung, um einen Stahl einwandfrei brennschneiden zu können?

A) Ein hoher Kohlenstoffgehalt
B) Eine schnelle Verbrennung des Eisens mit dem Sauerstoff zu Eisenoxid
C) Das Verwenden von Acetylen als Brenngas
D) Ein niedriger Schmelzpunkt des Stahles

32. Wozu dient das Brennfugen?

A) Zur Schweißnahtvorbereitung von hoch legierten Blechen
B) Zur Erstellung einer Führungsnut in einem Bauteil
C) Zur Beseitigung von Schweißnahtfehlern
D) Zum Entzundern von Metalloberflächen

Schweißstöße an Blechen

1. Bei der Maßangabe „z“ für Kehlnähte handelt es sich um

A) die Bauteildicke
B) die Anzahl der Schweißraupen
C) die Schenkellänge der Naht
D) die Nahtlänge

2. Welches der abgebildeten Schweißnahtdetails zeigt eine Doppel-Kehlnaht?

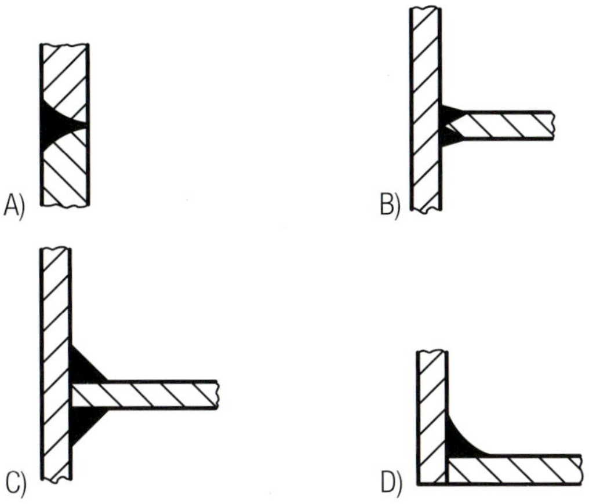

3. Welche ergänzenden Angaben zur Ausführung einer Schweißverbindung können in einer vollständigen Schweißnahtkennzeichnung nach DIN EN 22553 enthalten sein?

A) erforderliche Vorwärmtemperatur der Grundwerkstoffs
B) erforderliche Reinigung der Schweißfuge
C) geforderte Bewertungsgruppe für die Nahtausführung
D) maximale Zwischenlagentemperatur

4. Welches der nachfolgend abgebildeten Symbole stellt eine Hohlkehlnaht dar?

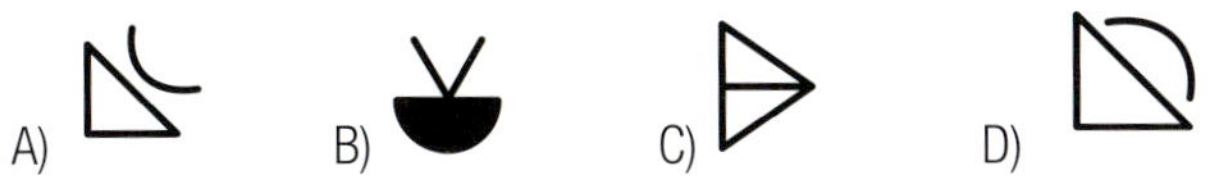

5. Welche der aufgeführten Nahtformen ist die wirtschaftlichste bei Kehlnähten?

A) Ungleichschenklige Naht
B) Wölbnaht
C) Flachnaht
D) Hohlnaht

6. Bei der Maßangabe „a“ für Kehlnähte handelt es sich um

A) die Schenkellänge
B) die Anzahl der Lagen
C) die Angabe der Nahtdicke
D) die Bauteildicke

7. Um welche Stoßart handelt es sich bei dem gezeigten Detail?

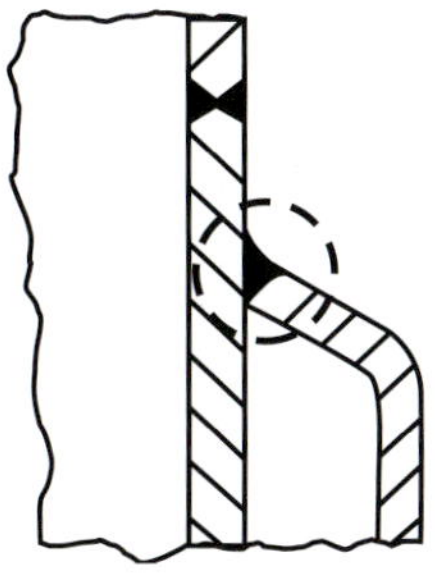

A) Stumpfstoß
B) Eckstoß
C) T-Stoß
D) Schrägstoß

8. Welches der dargestellten Details zeigt eine Doppel-HV-Naht ?

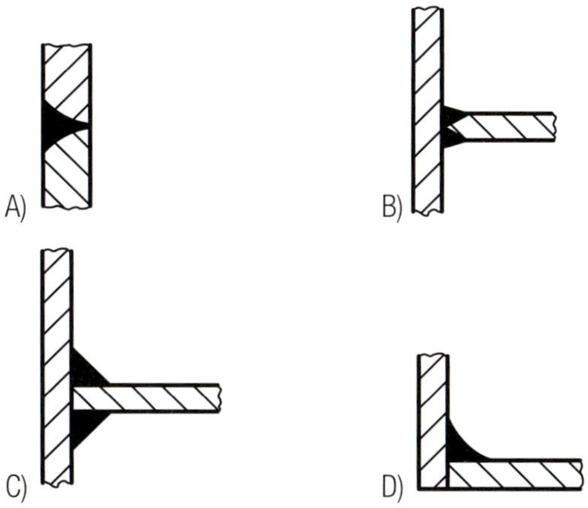

9. Welches der dargestellten Schweißnahtsymbole kennzeichnet eine Schweißnaht, die auf der Werkstückgegenseite geschweißt werden soll?

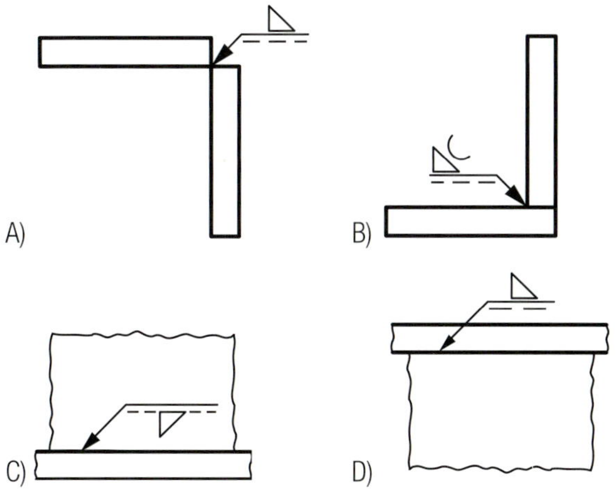

Nahtvorbereitung

10. Welche der angegebenen Bezeichnungen ist für das skizzierte Symbol richtig?

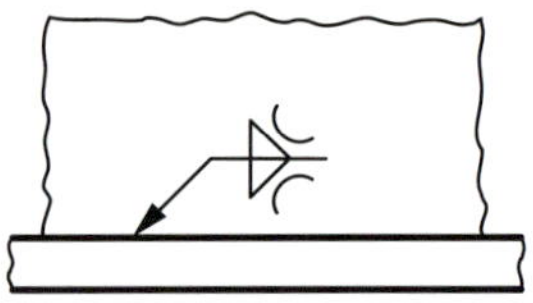

A) Doppel-HV-Naht
B) Kehlnaht umlaufend
C) Doppelkehlnaht als Hohlnaht ausgeführt
D) Doppelkehlnaht

11. Welches der angegebenen Symbole bezeichnet eine Gegenlage?

A)  B)  C)  D) 

12. Welches der angegebenen Symbole bezeichnet eine gewölbte Kehlnaht?

A)  B)  C)  D) 

13. Um welche Stoßart handelt es sich bei dem unten dargestellten Schweißstoß?

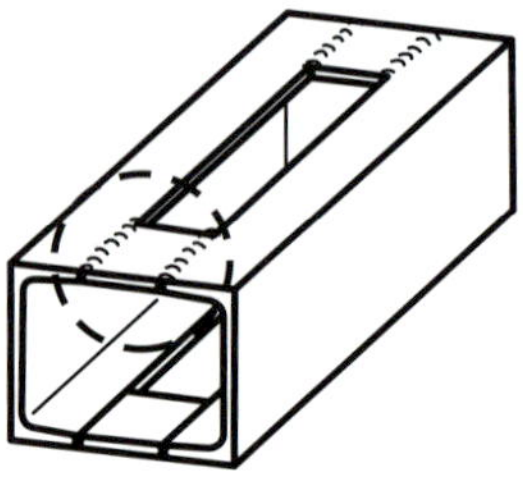

A) Überlappstoß
B) Eckstoß
C) Stumpfstoß
D) Schrägstoß

14. Der in der Abbildung dargestellte Zahlenwert „450“ steht in Zusammenhang mit der Schweißnaht und bezeichnet...

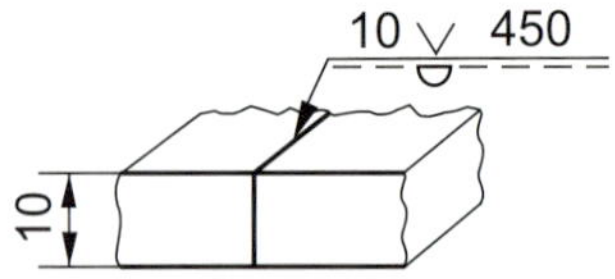

A) die Schweißgeschwindigkeit
B) die Nahtlänge l_w
C) die Vorwärmtemperatur
D) die Stromstärke beim Schweißen

15. Welche Angabe ist für die Wahl der geeigneten Fugenform ohne Bedeutung?

A) Werkstückdicke
B) Oberflächenbeschaffenheit des Grundwerkstoffs
C) Stoßart
D) Schweißprozess

16. Welche Kehlnahtform ergibt für den gezeichneten Eckstoß den günstigsten Kraftfluss?

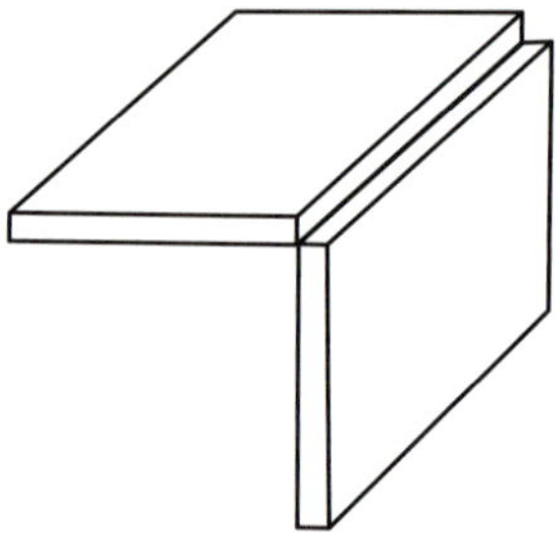

A) Ungleichschenklige Kehlnaht
B) Wölbnaht
C) Hohlnaht
D) Flachnaht

17. Wie wird der dargestellte Schweißstoß nach DIN EN ISO 17659 bezeichnet?

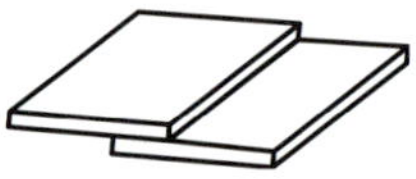

A) Parallelstoß
B) Stumpfstoß
C) Eckstoß
D) Überlappstoß

18. Welche Naht muss von der Gegenseite ausgeführt werden?

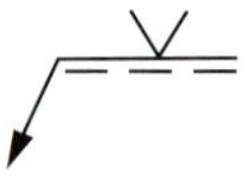 A)
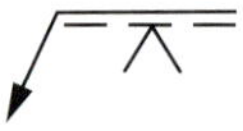 B)
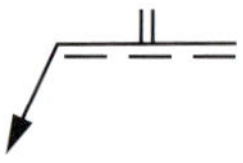 C)
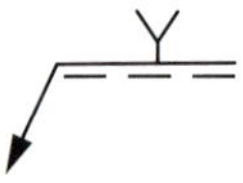 D)

19. Welches Symbol gibt die räumliche Darstellung richtig wieder?

A) 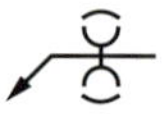 B) 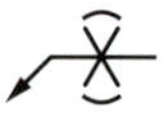 C) 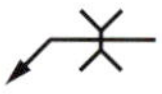 D) 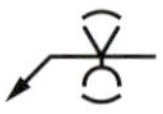

20. Wie groß ist der Nahtöffnungswinkel und der Stegabstand bei einer V-Fuge für das Gasschweißen an Stahl?

A) Öffnungswinkel 50°; Stegabstand 5 mm
B) Öffnungswinkel 60°; Stegabstand 2 – 4 mm
C) Öffnungswinkel 30°; Stegabstand 1 mm
D) Öffnungswinkel 45°; Stegabstand 2 – 4 mm

21. Welches Schweißnahtsymbol wird für eine I-Naht verwendet?

 A)
 B)
 C)
 D)

Schrumpfung, Spannung, Verzug

1. Welcher der unten aufgeführten Werkstoffe hat die größte Wärmeleitfähigkeit?

A) Baustahl
B) Aluminium
C) Kupfer
D) Chrom-Nickel-Stahl

2. Wann entstehen beim Schweißen große Schweißeigenspannungen?

A) bei großem Verzug der Konstruktion
B) wenn bei der Erwärmung freie Dehnungsmöglichkeit besteht
C) bei behinderter Schrumpfung
D) bei freier Schrumpfungsmöglichkeit

3. Welche der nachfolgend aufgeführten Verzugsarten wird durch Längsschrumpfung hervorgerufen?

A) Verzug von dünnen Blechen
B) Verlängerung von Trägern
C) Krümmung von Trägern
D) Winkelverzug bei V-Nähten

4. Wie kann die Längsschrumpfung von Schweißnähten vermindert werden?

A) durch eine Winkelvorgabe
B) durch Spannungsarmglühen nach dem Schweißen
C) durch das Pilgerschrittschweißen
D) durch eine Längenzugabe

5. Welche der nachfolgend aufgeführten Maßnahmen ist geeignet den Winkelverzug in Stumpfnähten zu vermindern?

A) kleine Werkstückdicke wählen
B) Schweißverbindung frei schrumpfen lassen
C) beidseitig geschweißte Naht ausführen
D) großen Fugenöffnungswinkel wählen

6. Welcher Kennwert des Werkstoffs ist besonders wichtig für die Temperaturverhältnisse im Bereich der Schweißnaht?

A) Elastizitätsmodul
B) spezifische Wärme
C) Wärmedehnzahl
D) Wärmeleitfähigkeit

7. Welcher der genannten Werkstoffe hat die geringste Wärmeausdehnung?

A) Aluminium
B) Baustahl
C) Chrom-Nickel-Stahl
D) Kupfer

8. Welcher der genannten Werkstoffe hat die größte Wärmeausdehnung?

A) Aluminium
B) Baustahl
C) Chrom-Nickel-Stahl
D) Kupfer

9. Welche Schrumpfungs- bzw. Verzugsart kann bei den meisten Werkstückdicken vernachlässigt werden?

A) Dickenschrumpfung
B) Längsschrumpfung
C) Querschrumpfung
D) Winkelverzug

10. Weshalb schrumpft eine Kehlnaht weniger als eine Stumpfnaht?

A) Die Nahtfläche ist kleiner bei der Kehlnaht
B) Das durchgehende Grundblech behindert bei der Kehlnaht die Schrumpfung
C) Bei Kehlnähten werden geringere Wärmemengen benötigt
D) Eine bessere Wärmeableitung ist bei Kehlnähten nach drei Seiten möglich

11. Wann entstehen nach dem Schweißen nur geringe Spannungen?

A) bei behinderter Schrumpfung
B) bei freier Schrumpfmöglichkeit
C) wenn bei der Erwärmung freie Dehnungsmöglichkeit besteht
D) wenn nicht vorgewärmt wird

12. Welche Formänderungen werden durch Querschrumpfung hervorgerufen?

A) Verzug von dünnen Blechen
B) Verlängerung von Trägern
C) Krümmung von Trägern
D) Winkelverzug bei V-Nähten

13. Unter welchen Bedingungen können beim Schweißen entstehende Spannungen zu Rissen führen?

A) bei ungenügender Verformungsmöglichkeit
B) bei zu geringer Schweißgeschwindigkeit
C) beim Hämmern der Naht
D) beim Vorwärmen

14. Welche der genannten Maßnahmen ist geeignet, den Verzug zu vermindern?

A) Festspannen von dünnen Blechen
B) Vorwärmen von Trägern
C) Spannungsarmglühen
D) Verwenden von Schweißzusatzwerkstoff mit höherer Festigkeit

15. Wie kann die Querschrumpfung bei Stumpfnähten vermindert werden?

A) Anwenden schmaler Nahtquerschnitte
B) Ausfugen und Gegenschweißen der Wurzel
C) Einbringen hoher Schweißenergie
D) geringe Schweißgeschwindigeit

16. Welche Wärmebehandlung kann zum Abbau der Schweißeigenspannungen nach dem Schweißen durchgeführt werden?

A) Vergüten
B) Härten
C) Spannungsarmglühen
D) Lösungsglühen

17. Wie wirkt sich die Längsschrumpfung von Schweißnähten an dünnen Blechen aus?

A) Infolge der Nahtverkürzung treten hohe Spannungen im Blech auf
B) Die Nahtverkürzung hat eine Durchbiegung des Bleches in Querrichtung zur Folge
C) Das Blech verformt sich wellenförmig entlang der Schweißnaht
D) Es treten Risse im Blech auf

18. Welche Maßnahme kann gegen die Winkelverformung bei Stumpfnähten ergriffen werden?

A) Vorlegen mit Winkelvorgabe
B) Schweißen mit Hochleistungsschweißprozessen
C) Pilgerschrittschweißen
D) Möglichst viele Lagen schweißen

19. Welche der genannten Maßnahmen sind geeignet, die Längsverkrümmung beim Schweißen von Blechträgern zu vermindern?

A) Festspannen des Trägers auf ebener Unterlage
B) Vorspannen des Trägers entgegen der zu erwartenden Durchbiegung
C) Schweißen des Trägers ohne Einspannung
D) Schweißen mit Pendelraupentechnik

20. Unter welchen Bedingungen entstehen in geschweißten Bauteilen Eigenspannungen?

A) Wenn sich die Schrumpfung durch Verzug ungehindert auswirken kann
B) Wenn der Stahl eine niedrige Zugfestigkeit hat
C) Wenn die Schrumpfung beim Abkühlen behindert ist
D) Wenn gleichmäßig vorgewärmt wird

21. Bei welchen Bauteilen treten beim Schweißen bevorzugt Schweißspannungen auf?

A) Bei Dünnblechkonstruktionen
B) Bei stumpf geschweißten Profilstäben großer Länge
C) Bei geschweißten Rechteckköltanks
D) An Stumpfnähten von eingespannten Bauteilen mit kurzer Einspannlänge

22. Weshalb ist die Querschrumpfung von Stumpfnähten bei dicken Blechen größer als die Längsschrumpfung?

A) Das Schrumpfen der Naht in Längsrichtung ist durch die seitlichen Bleche behindert
B) Das Abfließen der Wärme kann in Querrichtung besser erfolgen
C) Die Heftstellen behindern eine Längsschrumpfung stärker
D) Durch die Spannung in Querrichtung wird die Schrumpfung begünstigt

23. Wodurch werden beim Gasschweißen geringere Spannungen als bei anderen Verfahren erzielt?

A) Durch die Schutzwirkung der Flamme
B) Durch die breite gleichmäßige Wärmeverteilung
C) Durch die kühlende Wirkung des Sauerstoffes
D) Durch die kühlende Wirkung des kalt zugeführten Schweißstabes

24. Wie kann beim Schweißen von Dünnblechen die Wellenbildung des Bleches entlang der Schweißnaht vermindert werden?

A) Schweißen mit relativ großer Spaltbreite
B) Schweißen mit hoher Wärmeeinbringung
C) Festspannen der Bleche dicht neben der Naht durch Spannvorrichtungen, Gewichte o. ä.
D) Pilgerschrittschweißen

25. Die Querschrumpfung von Stumpfnähten ist abhängig von

A) Art der Schweißstromquelle
B) Nahtlänge
C) Nahtquerschnittsfläche
D) Schweißzusatzwerkstoff

26. Wodurch werden Spannungen beim Schweißen hauptsächlich verursacht?

A) Durch zu viele Heftstellen an den Werkstücken
B) Durch die Behinderung des Schrumpfens beim Abkühlen der Schweißnaht
C) Durch den Einsatz nicht artgleicher Schweißzusatzwerkstoffe
D) Durch eine ungleichmäßige Schuppung der Decklage

27. Beim Schweißen einer nicht eingespannten V-Naht ist folgende Schrumpfart besonders deutlich zu erkennen:

A) Winkelschrumpfung
B) Dickenschrumpfung
C) Längsschrumpfung
D) Es ist nichts zu erkennen

28. Durch welche Maßnahmen werden Verzug und Verwerfung klein gehalten?

A) Den Nahtquerschnitt möglichst groß wählen
B) Viel Wärme einbringen
C) Viele Schweißnähte dicht nebeneinander legen
D) Den Nahtquerschnitt und das Wärmeeinbringen klein halten

29. Welche Notwendigkeit ergibt sich beim Schweißen von Werkstoffen mit großer Wärmeleitfähigkeit?

A) Eine kleine Brennergröße zu verwenden
B) Das Schweißen muss mit Sauerstoffüberschuss erfolgen
C) Eine höhere Schweißstabklasse ist zu verwenden
D) Die Wärmezufuhr ist zu erhöhen

30. Ein Stab wird zwischen zwei Festpunkten (ohne Anschweißen) eingespannt und erwärmt. Worauf ist die Verkürzung nach dem anschließendem Erkalten zurückzuführen?

A) Die Schrumpfung der Gefügekristalle ist größer als ihre Dehnung
B) Der Werkstoff wurde an der Erwärmungsstelle gestaucht
C) Die Ausdehnungskräfte haben den Stab an den Festpunkten gestaucht
D) Die Anlagestellen wurden eingedrückt

31. Bei welcher der nachfolgend genannten Schweißnähte ist der Winkelverzug am größten?

A) V-Naht
B) Doppel-V-Naht
C) I-Naht
D) Y-Naht

32. Welche Aussage ist richtig?

A) Wird die Schrumpfung behindert, ist die Formänderung groß
B) Wird die Schrumpfung behindert, ist die Spannung klein
C) Ist die Schrumpfung frei möglich, ist die Formänderung groß
D) Ist die Schrumpfung frei möglich, ist die Spannung groß

Schweißnähte an Rohren

1. Bei welcher der nachfolgend dargestellten Stoßarten handelt es sich um einen Überlappstoß?

A)

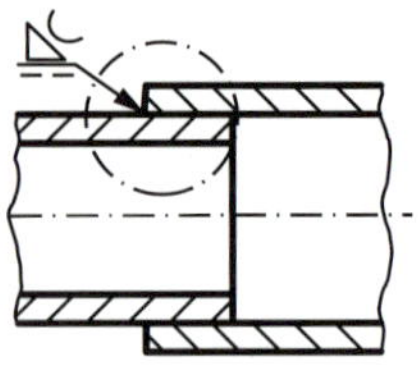

B)

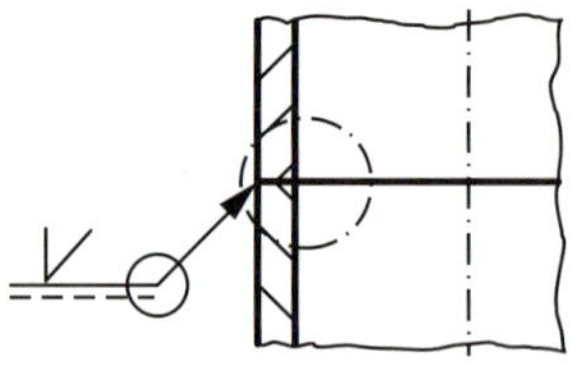

C)

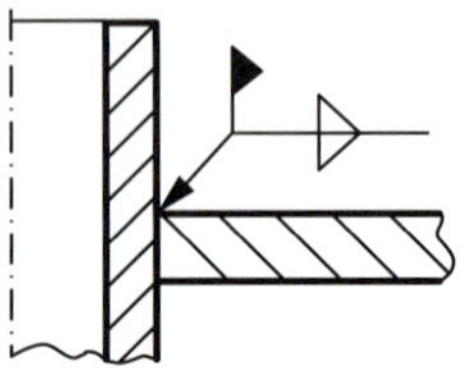

D)

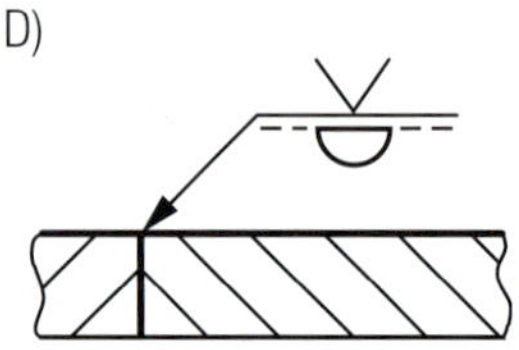

2. Welche der nachfolgend dargestellten Schweißverbindungen hat keine unverschweißten Spalte?

A)

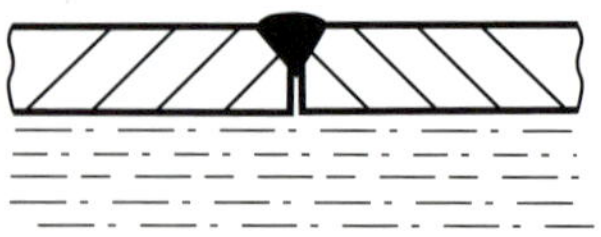

B)

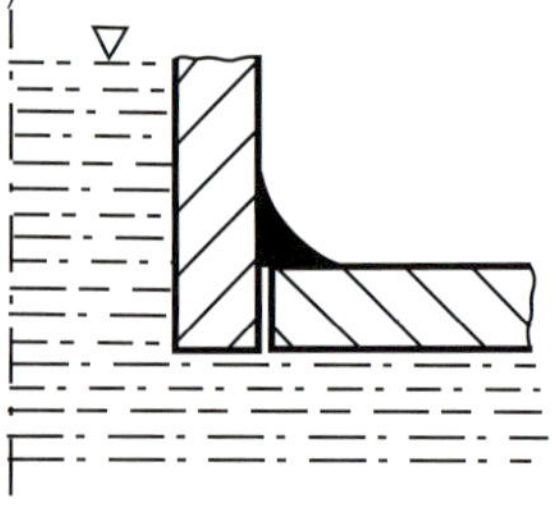

C)

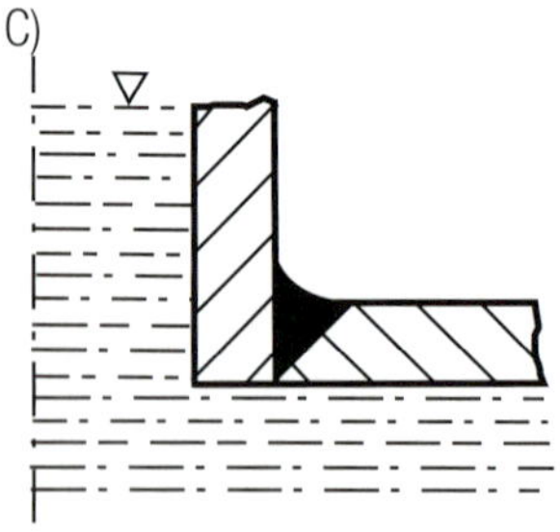

D)

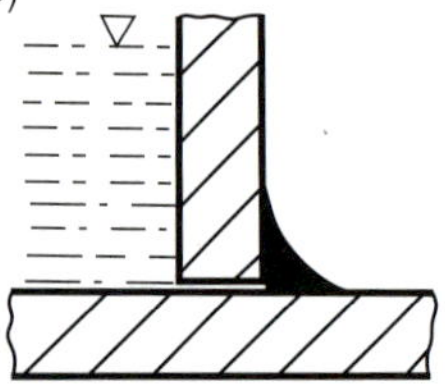

3. Warum sind unverschweißte Spalte im Behälter- und Rohrleitungsbau grundsätzlich zu vermeiden?

A) in unverschweißten Spalten ist das Dehnungsvermögen beeinträchtigt
B) im Bereich unverschweißter Spalte besteht grundsätzlich keine ausreichende Festigkeit der Schweißverbindung
C) in unverschweißten Spalten besteht eine erhöhte Korrosionsgefährdung
D) unverschweißte Spalte sind grundsätzlich in allen Konstruktionen nichtst zulässig

4. Welche Stutzenverbindung wird üblicherweise mit beidseitig angeordneten Kehlnähten geschweißt?

A) ausgehalster Stutzen
B) gerade eingesetzter Stutzen
C) durchgesteckter Stutzen
D) schräg eingesetzter Stutzen

5. Welche Fugenform ist bei Stumpfstößen von Rohren gleichen Durchmessers und mit Durchmessern ≤ 500 mm vorzugsweise anzuwenden?

A) DHV-Fuge
B) DV-Fuge
C) V-Fuge
D) Y-Fuge

6. Welche Nahtform wird vorwiegend bei Stumpfstößen an Rohren eingesetzt?

A) HV-Naht
B) Doppel-V-Naht
C) V-Naht
D) HY-Naht

7. Warum sind Spalte im Rohrleitungs- und Behälterbau zu vermeiden?

A) In Spalten besteht erhöhte Korrosionsgefahr
B) die Festigkeit ist nicht ausreichend
C) das Dehnungsvermögen ist beeinträchtigt
D) diese Spalte können mit Hilfe der zerstörungsfreien Prüfverfahren nicht nachgewiesen werden

8. Wie erfolgt die komplizierte Fugenvorbereitung eingesetzter großer Stutzen?

A) die Fugenflanken werden spanabhebend von Hand hergestellt
B) die Fugenflanken werden nach Schablonen von Hand brenngeschnitten
C) mit Hilfe von speziellen Brennschneidmaschinen
D) durch Brennschneiden von Hand

9. Um welche Stoßart handelt es sich bei dem dargestellten Schweißstoß?

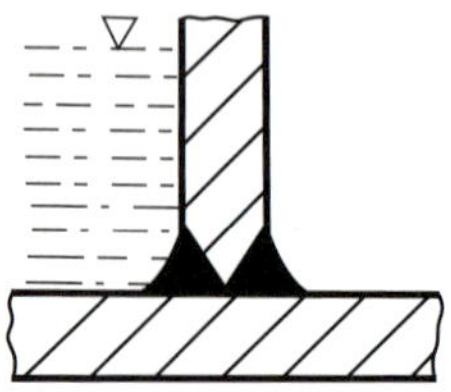

A) Stumpfstoß
B) T-Stoß
C) Eckstoß
D) Überlappstoß

10. **Welche der angegebenen Schweißverbindungen soll auf der Baustelle geschweißt werden?**

A)

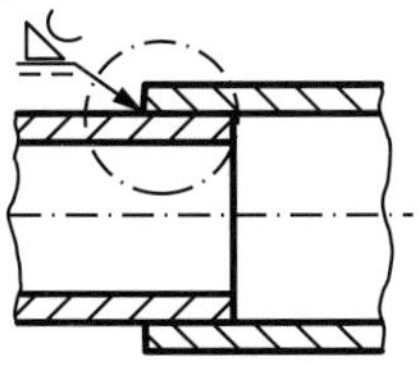

B)

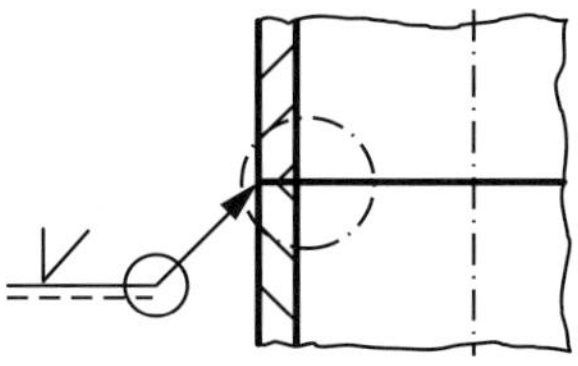

C)

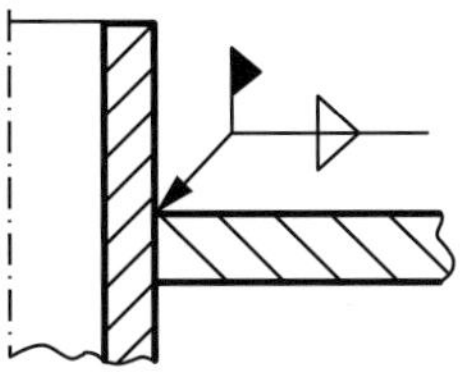

D)

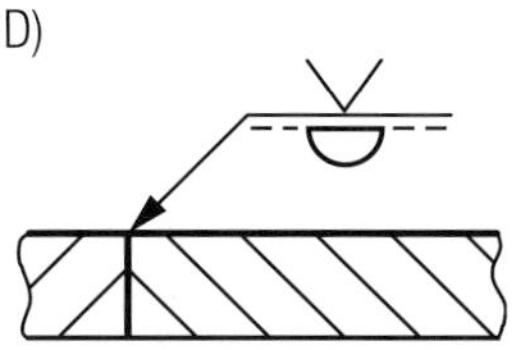

11. **Welches der angegebenen Zusatzsymbole bezeichnet eine kerbfrei bearbeitete Hohlkehlnaht?**

A) 

B) 

C) 

D) 

12. **Um welche Stoßart handelt es sich bei dem dargestellten Schweißstoß?**

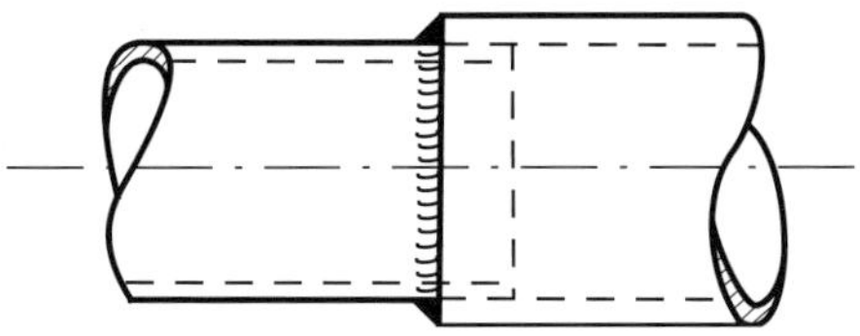

A) Stumpfstoß
B) Doppel-T-Stoß
C) Eckstoß
D) Überlappstoß

13. **Welche Stutzenart zeigt die Darstellung unten?**

A) durchgesteckter Stutzen
B) eingesetzter Stutzen
C) ausgehalster Stutzen
D) aufgesetzter Stutzen

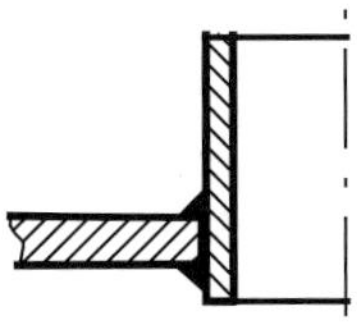

14. **Welche der dargestellten Schweißverbindungen ist günstig für Behälter?**

A)

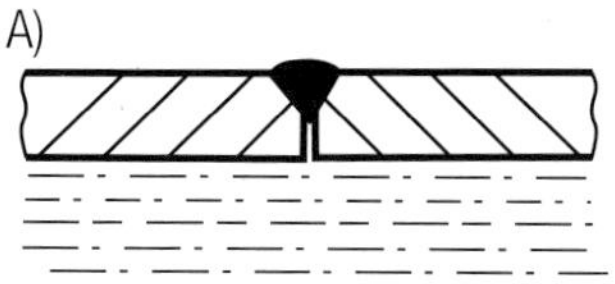

B)

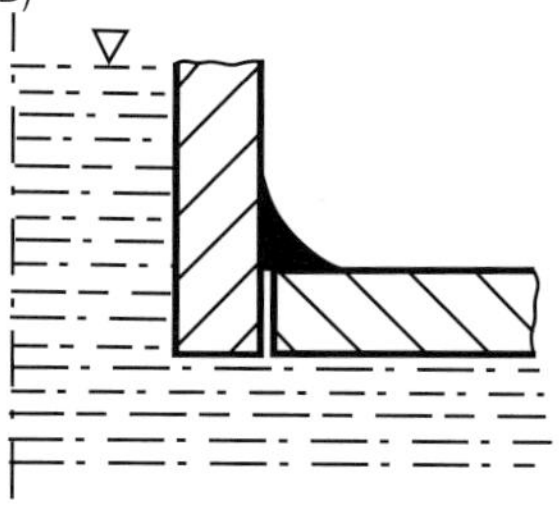

C)

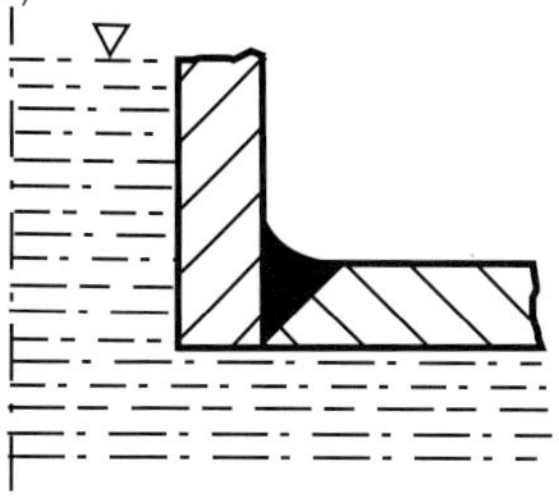

D)

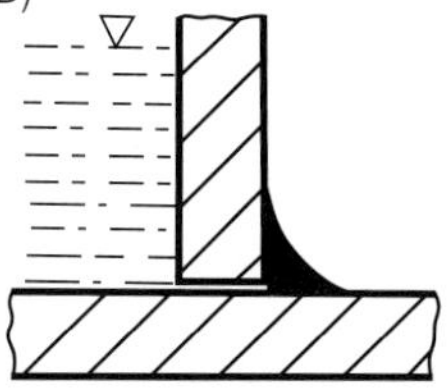

Arbeitstechnik beim Schweißen

1. Welche Definition gilt für einen Überlappstoß?

A) Ein Teil stößt schräg gegen ein anderes
B) Die Teile liegen in einer Ebene und stoßen stumpf gegeneinander
C) Zwei Teile stoßen rechtwinklig aufeinander
D) Die Teile liegen aufeinander und überlappen sich

2. Welches Symbol kennzeichnet eine Doppel-HV-Naht?

3. Bei welchem der dargestellten Stoßarten handelt es sich um einen Eck-Stoß?

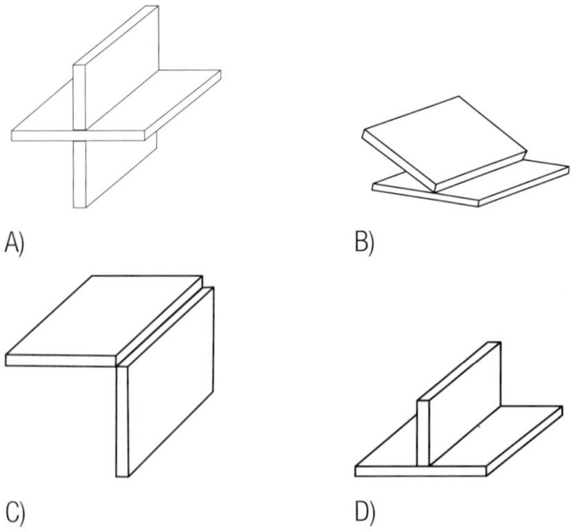

4. Welche Naht gehört zu dem skizzierten Symbol?

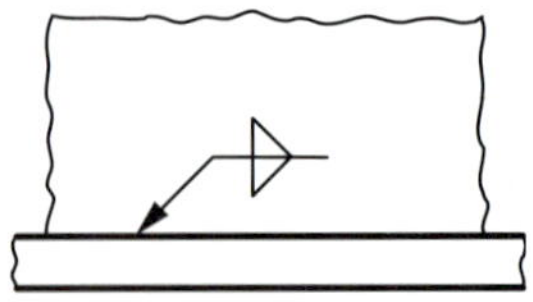

A) Doppel-HV-Naht
B) I-Naht
C) Kehlnaht
D) Doppelkehlnaht

5. Welche Definition gilt für einen Doppel-T-Stoß?

A) Die Teile liegen aufeinander und überlappen sich
B) Ein Teil stößt schräg gegen ein anderes
C) Zwei in einer Ebene liegende Teile stoßen rechtwinklig auf eine dazwischen liegendes drittes Teil
D) Die Teile liegen in einer Ebene und stoßen stumpf gegeneinander

6. Welche der folgenden Nahtarten muss immer beidseitig ausgeführt werden?

A) I-Naht
B) V-Naht
C) HY-Naht
D) Doppel-HV-Naht

7. Welche Nahtform ist für T-Stöße nicht geeignet?

A) Kehlnaht
B) I-Naht
C) HY-Naht
D) HV-Naht

8. Welcher der dargestellten Detailpunkte war in der Konstruktionszeichnung so gekennzeichnet?

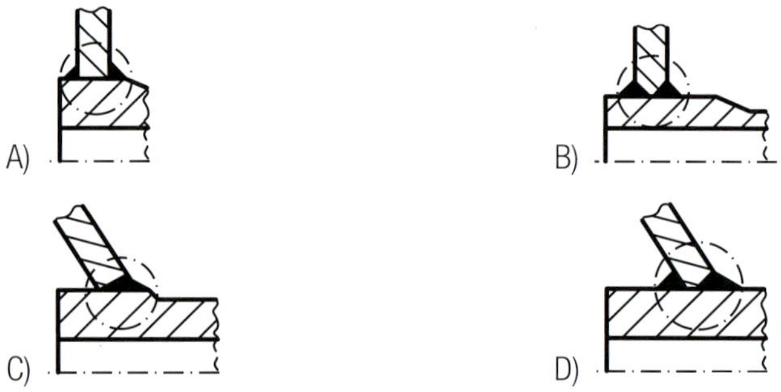

9. Wozu dienen Schweißanweisungen?

A) Zur Lohnberechnung für die Schweißer
B) Zur Auflistung qualitätssichernder Einflussgrößen auf Schweißverbindungen
C) Zur statistischen Qualitätskontrolle
D) Zur Bestellung von Werkstoffen

10. Welche Schweißnahtdarstellung kennzeichnet eine Schweißnaht, die auf der Werkstückgegenseite geschweißt wird?

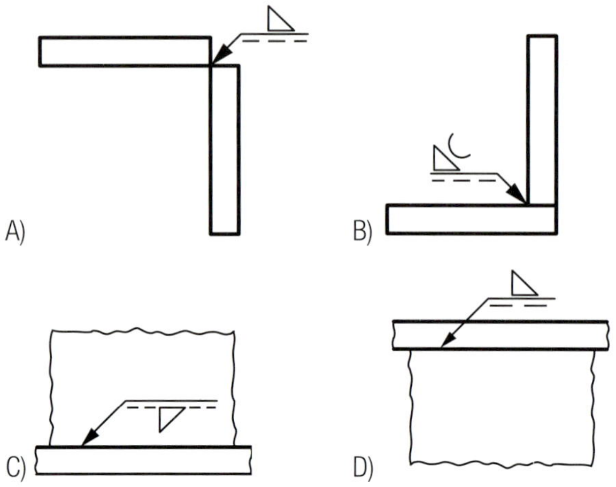

11. Welches Symbol kennzeichnet eine beidseitig geschweißte Kehlnaht?

A)  B)  C)  D) 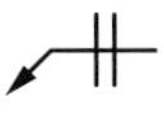

12. Bei welcher der dargestellten Stoßarten handelt es sich um einen T-Stoß?

A) 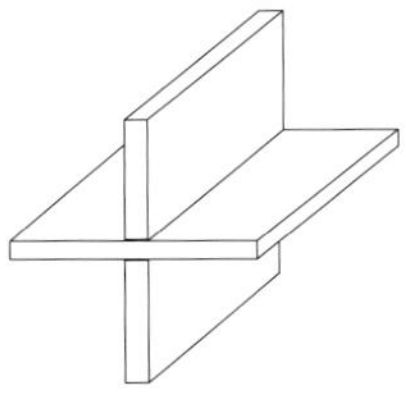

B) 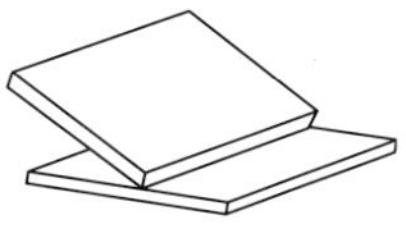

C) 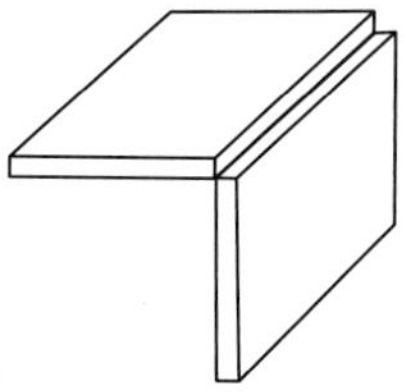

D) 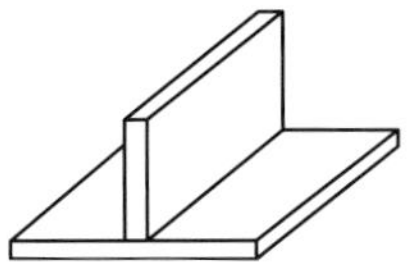

13. Welche Angabe kann aus dem Wert „a" in der symbolhaften Darstellung von Kehlnähten entnommen werden?

A) Schweißnahtlänge
B) Schweißnahtdicke
C) Schenkellänge
D) Vorwärmtemperatur

14. Welche Schweißnahtunregelmäßigkeit kann beim Lichtbogenhandschweißen entstehen, wenn mit zu geringer Schweißstromstärke geschweißt wird?

A) Einbrandkerben
B) Endkrater
C) Schlackeeinschlüsse
D) Poren

15. Welche der nachfolgend aufgeführten Maßnahmen ist geeignet, um auftretende Blaswirkung zu kompensieren?

A) Schweißen am Werkstückrand
B) Schweißen in der Nähe der Werkstückklemme
C) Werkstückklemme beidseitig anbringen oder Werkstückklemme verschieben
D) Schweißen neben großen Werkstückmassen

16. Welche der nachfolgend aufgeführten Schweißnahtunregelmäßigkeiten gehört zu den äußeren Unregelmäßigkeiten?

A) fester Einschluss
B) Porennest
C) Einbrandkerbe
D) Lagenbindefehler

17. Mit welchem Prüfverfahren kann eine Kehlnaht auf das Vorhandensein von inneren Unregelmäßigkeiten geprüft werden?

A) Farbeindringprüfung
B) Härteprüfung
C) Bruchprüfung
D) Kerbschlagbiegeversuch

18. Welche Schweißnahtunregelmäßigkeit kann entstehen, wenn mit zu langem Lichtbogen geschweißt wird?

A) Härterisse
B) Schlackeeinschlüsse
C) Poren
D) zu tiefer Einbrand

19. Welche Schweißnahtunregelmäßigkeit kann entstehen, wenn das Schweißen durch schnelles Abheben der Stabelektrode beendet wird?

A) Endkraterriss
B) Schlackeeinschluss
C) Wurzelfehler
D) Poren

20. Bei einer größeren Stahlkonstruktion wird an verschiedenen Knotenpunkten MAG geschweißt. Wo wird die Werkstückklemme angebracht?

A) fest an einer Stelle der Konstruktion
B) immer in der Nähe der Schweißstelle
C) an einem beliebigen Anbringungsort
D) an der Wasserleitung

21. Welche Maßnahme gegen Blaswirkung ist nicht sinnvoll?

A) Werkstückanschluss wechseln
B) Stabelektrode neigen
C) Schweißen am Werkstückrand
D) Schweißen mit Wechselstrom

22. Wo soll das Zünden des Lichtbogens erfolgen?

A) in der Schweißnahtfuge
B) am Werkstückrand
C) neben der Raupe
D) auf einem Zündblech

23. Wie wird das a-Maß sinnvoll am Bauteil gemessen?

A) mit einem Messschieber
B) mit einer Schweißnahtlehre
C) mit einer Mikrometerschraube
D) mit einem Gliedermaßstab (Zollstock)

24. Was wird bei einer Sichtprüfung beurteilt?

A) äußere Schweißnahtunregelmäßigkeiten
B) Baumann-Abdruck
C) Bruchflächen einer Biegeprobe
D) Bruchflächen einer Kerbschlagbiegeprobe

25. Was ist eine Bruchprüfung?

A) Biegeprüfung
B) Kerbschlagbiegeversuch
C) mechanisches Brechen einer Kehlnaht, z. B. mit Meißel und Hammer
D) Zugversuch

26. Welche äußere Unregelmäßigkeit einer Schweißverbindung ist in den nachfolgenden Abbildungen dargestellt?

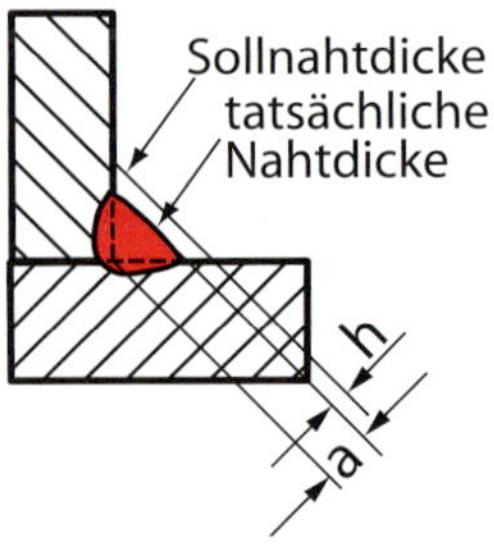

A) Nahtdickenüberschreitung
B) zu große Nahtüberhöhung
C) Nahtdickenunterschreitung
D) Einbrandkerben

27. In welche Bewertungsgruppen sind die Grenzwerte für Unregelmäßigkeiten von Schweißverbindungen nach DIN EN ISO 5817 unterteilt?

A) B, C, D
B) A, B, C
C) niedrig, mittel, hoch
D) gering, durchschnittlich, gut

28. Was kann man tun, um die Blaswirkung möglichst klein zu halten?

A) Mit Stabelektrode am Pluspol schweißen
B) Stabelektrode entsprechend schräg halten
C) Lichtbogen möglichst lang halten
D) Mit Stabelektrode am Minuspol schweißen

29. Wobei tritt die Blaswirkung auf?

A) Bei Zugluft
B) Beim Lichtbogenhandschweißen mit Schweißtransformator
C) Beim Lichtbogenhandschweißen mit Gleichstrom
D) Beim Lichtbogenhandschweißen mit Wechselstrom

30. Das Symbol bedeutet:

A) I-Naht mit ebener Oberfläche
B) Lochnaht
C) Steilflankennaht
D) V-Naht mit ebener Oberfläche

31. Worin unterscheidet sich die Fugenform I-Naht von der einer V-Naht?

A) Härte der Schweißnaht
B) Bedarf an Schweißzusatzwerkstoff
C) Bei der I-Naht muss vorgewärmt werden
D) Die V-Nahtvorbereitung ist kostengünstiger

32. Welche Skizze stellt eine HV-Naht dar?

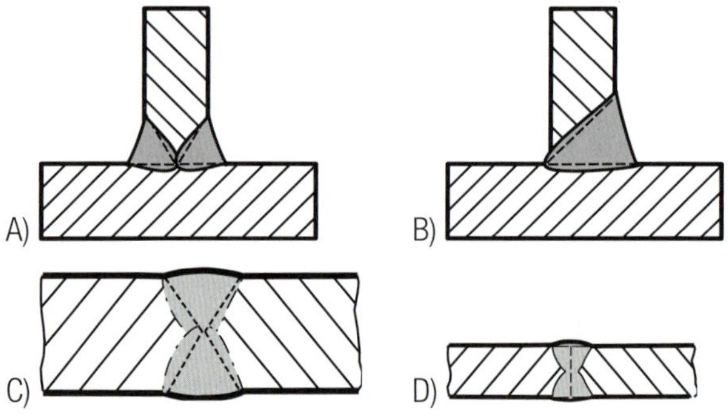

33. Wie muss die mit dem Sinnbild gekennzeichnete Schweißnaht vorbereitet werden?

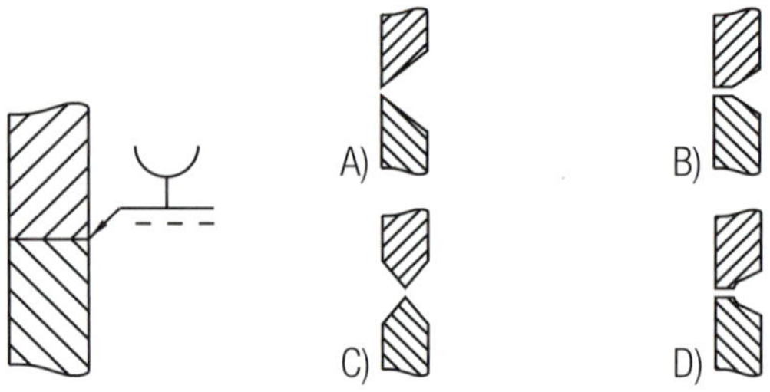

34. Wie muss die mit dem Sinnbild gekennzeichnete Schweißnaht vorbereitet werden?

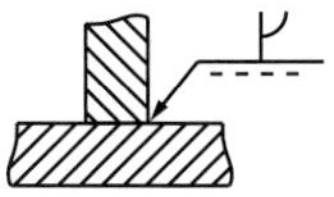

A) B) C) D)

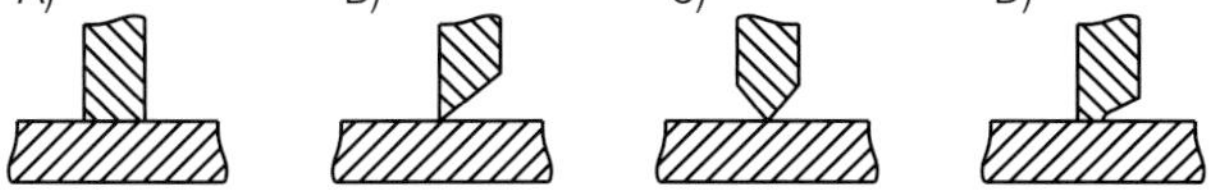

35. Das Fähnchen am Bezugszeichen bedeutet:

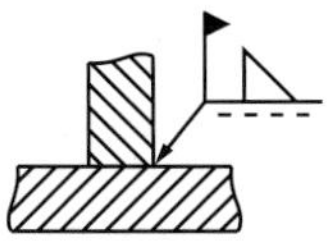

A) Baustellennaht
B) ringsum geschweißt
C) spannungsfrei geglüht
D) überarbeitet

36. Welches Ergänzungssymbol kennzeichnet eine Schweißnaht, die bei der Montage geschweißt wird?

A) B) C) D)

37. Welche angegebene Stoßart gibt es nicht?

A) Stumpfstoß
B) T-Stoß
C) Schrägstoß
D) V-Stoß

38. Welche Bezeichnung der Stoßart ist nicht normgerecht?

A) T-Stoß
B) Zweiteilstoß
C) Kreuzungsstoß
D) Mehrfachstoß

39. Welche Schweißnaht ist von der Gegenseite geschweißt?

A)

B)

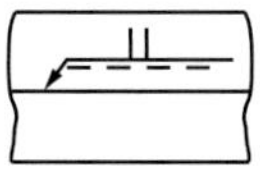

C)

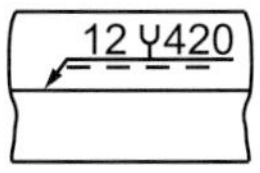

D)

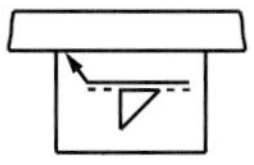

40. Was bedeutet dieses Symbol?

A) U-Naht eingeebnet
B) Flachkehlnaht
C) V-Naht, Wurzel ausgearbeitet und Gegenlage geschweißt
D) Y-Naht eingeebnet mit Gegenlage

41. Was bedeutet die Ziffer 111?

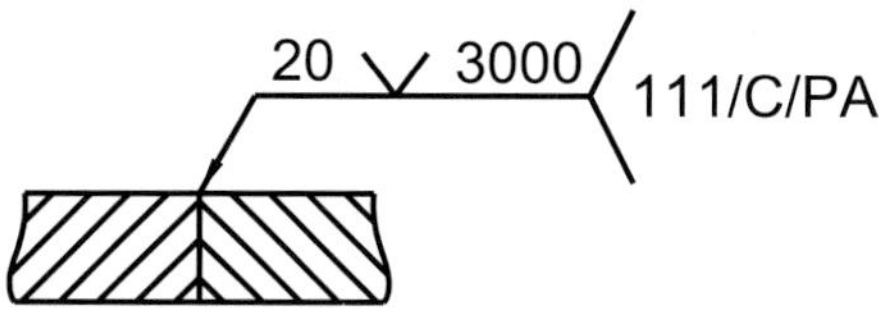

A) Schweißprozess
B) Schweißnahtgüte
C) Schweißposition
D) Elektrodenkennziffer

42. In Zeichnungen werden für die Nahtarten bestimmte Symbole angegeben. Mit dem abgebildeten Symbol bezeichnet man eine…

A) …Kehlnaht
B) …HV-Naht
C) …V-Naht
D) …Stirnflachnaht

Schweißerprüfung nach DIN EN ISO 9606-1

1. Die Schweißposition PG bezeichnet die Nahtausführung in der Position

A) horizontal-überkopf
B) waagerecht
C) fallend
D) steigend

2. Die Schweißposition PE bezeichnet die Nahtausführung in der Position

A) überkopf
B) waagerecht
C) fallend
D) steigend

3. Die Schweißposition PF bezeichnet die Nahtausführung in der Position

A) horizontal-überkopf
B) waagerecht
C) fallend
D) steigend

4. Wieviele Varianten zur Verlängerung der Gültigkeit einer Schweißerprüfung gibt es?

A) 1
B) 2
C) 3
D) 4

5. Welche Voraussetzung muss erfüllt sein, damit die Schweißerprüfung gültig bleibt?

A) Der Schweißer muss regelmäßig schweißen, die maximale Unterbrechung darf 12 Monate nicht überschreiten
B) Der Schweißer muss regelmäßig innerhalb des Geltungsbereichs seiner Prüfung schweißen
C) Die Schweißerprüfung gilt 2 Jahre, ohne sonstige Voraussetzungen zu erfüllen
D) Der Schweißer muss mindestens alle 3 Monate von der Schweißaufsicht kontrolliert werden

6. Wieviel Prüfstücke umfasst eine Schweißerprüfung nach DIN EN ISO 9606 in der Regel?

A) 1
B) 2
C) 3
D) 4

7. Gehört zur Schweißerprüfung nach DIN EN ISO 9606 eine fachkundliche Prüfung?

A) nein, es handelt sich um eine freiwillige, zusätzliche Prüfung
B) nein, fachkundliche Prüfungen gibt es nur als Abschluss von DVS-Lehrgängen
C) ja, in Deutschland verbindlich vorgeschrieben
D) ja, weltweit üblich

8. Welches ist die Nummer des Schweißprozesses, in dem Sie Ihre Prüfung ablegen wollen?

Prozess: _______

9. Was bedeutet die Bezeichnung T BW?

A) Blech / Kehlnaht
B) Blech / Stumpfnaht
C) Rohr / Kehlnaht
D) Rohr / Stumpfnaht

10. Wenn Sie ein Prüfstück mit einer Dicke von t = 4 mm Schutzgasschweißen, welchen Geltungsbereich für die Dicke haben Sie dann?

A) von 4 bis 6 mm
B) von 3 bis 8 mm
C) von 3 bis 6 mm
D) von 4 bis 8 mm

11. Welche Werkstoffe werden mit der Schweißzusatzgruppe FM1 geschweißt?

A) unlegierte Stähle und Feinkornbaustähle
B) hochfeste Stähle
C) warmfeste Stähle
D) nichtrostende Stähle

12. Welche Bezeichnung wird für die Schweißposition „Überkopf" verwendet?

A) PA
B) PB
C) PC
D) PE

13. Wie lautet das Kurzzeichen für die skizzierte Schweißposition?

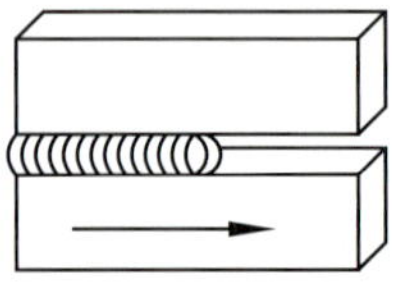

A) PG
B) PB
C) PA
D) PC

14. Beim Schweißen unterscheiden wir verschiedene Schweißpositionen. Wann spricht man von Querposition?

A) Beim Schweißen von links nach rechts
B) Beim Schweißen von oben nach unten
C) Beim horizontalen Schweißen an senkrechter Wand
D) Beim waagerechten Schweißen von Stumpf- und Kehlnähten in Wannenposition

15. Was ist kein Kriterium für die Bezeichnung einer Schweißerprüfung?

A) Schweißprozess
B) Zusatzwerkstoffgruppe
C) Schweißgeschwindigkeit
D) Schweißnahteinzelheiten

16. Was ist kein Prüfstück nach DIN EN ISO 9606?

A) Stumpfnaht am Winkelprofil
B) Stumpfnaht am Blech
C) Stumpfnaht am Rohr
D) Kehlnaht am Blech

17. Was ist kein Thema für die fachkundliche Schweißerprüfung?

A) Verhütung von Unfällen
B) Handhabung der Schweißgeräte
C) Tarif und Arbeitsrecht des Schweißers
D) Grundwerkstoffe und Schweißzusätze

18. Eine Schweißerprüfung nach DIN EN ISO 9606 lautet: ISO 9606-1 111 P BW FM1 B s12 PH ss nb Wie viele Bezeichnungskriterien enthält diese Prüfung?

A) 6
B) 8
C) 10
D) 11

19. Bei der Bezeichnung einer Schweißerprüfung nach DIN EN ISO 9606 werden maximal wie viele Kriterien verwendet?

A) 3
B) 4
C) 6
D) 8

20. Welche Voraussetzung muss erfüllt sein, damit die Schweißerprüfung nach DIN EN ISO 9606 für 3 Jahre gültig bleibt?

A) Der Schweißer muss regelmäßig im Geltungsbereich der Prüfung schweißen und dies muss vom Arbeitgeber oder der Aufsichtsperson alle 6 Monate auf dem Zeugnis bestätigt werden
B) Der Schweißer muss regelmäßig schweißen, dies braucht jedoch nicht von Dritten bestätigt zu werden
C) Der Schweißer muss von der Schweißaufsicht entsprechend kontrolliert werden
D) Die Schweißerprüfung gilt 2 Jahre ohne sonstige Voraussetzungen

21. Welche der aufgeführten Schweißpositionen schließt nach DIN EN ISO 9606 an Blech die anderen Schweißpositionen (außer PG) mit ein?

A) PA – Wannenposition
B) PC – Querposition
C) PH-L045 – geneigte Rohrachse
D) PF – steigende Position

22. Welche Schweißposition schließt nach DIN EN ISO 9606 keine andere Schweißposition mit ein?

A) PG – Fallnahtposition
B) PE – Überkopfposition
C) PF – steigende Position
D) PB – horizontale Position

23. Kann die Gültigkeitsdauer einer Schweißerprüfung nach DIN EN ISO 9606 nach 3 Jahren verlängert werden?

A) Nein, die Prüfung muss nach 3 Jahren wiederholt werden
B) Ja, es genügt eine Bestätigung des Arbeitgebers, dass der Schweißer regelmäßig schweißt
C) Ja, wenn dem Prüfer beziehungsweise der Prüfstelle über die Qualität des Schweißers Prüfberichte wie Durchstrahlungs-, Ultraschall- oder Bruchprüfungen vorliegen
D) Ja, es genügt eine Handfertigkeitskontrolle durch die Schweißaufsicht des Betriebes

24. Welche Bedingung muss bei der Durchführung einer Schweißerprüfung nach DIN EN ISO 9606 eingehalten werden?

A) Die Prüfstücke sind von der Prüfaufsicht zu kennzeichnen
B) Die Prüfstücke sind vom Schweißer vor dem Schweißen auszumessen
C) Die Prüfstücke sind unmittelbar nach dem Schweißen vom Schweißer zu brechen
D) Der Schweißer muss sein Prüfstück nach dem Schweißen mit einem Farbstift unterschreiben

25. Was bedeuten die Bezeichnungskriterien „P BW" in einer Prüfungsbezeichnung?

A) Prüfstück: Blech/Kehlnaht
B) Prüfstück: Blech/Stumpfnaht
C) Prüf-Blech-Werkstoff
D) Schweißposition PB/Waagerecht

26. Bei einer Schweißerprüfung nach DIN EN ISO 9606 wird als Prüfrohraußendurchmesser 100 mm (D 100) gewählt. Welcher Geltungsbereich gilt für die Werkstückdurchmesser?

A) 0...100 mm
B) 25...150 mm
C) ≥ 50 mm
D) alle Durchmesserbereiche gelten

27. Zum Umfang einer Schweißerprüfung nach DIN EN ISO 9606 gehören ...

A) ...nur eine praktische Prüfung zur Erfassung der Handfertigkeit
B) ...nur eine fachkundliche Prüfung zur Erfassung der Fachkenntnisse
C) ...eine praktische und fachkundliche Prüfung zur Erfassung der Handfertigkeit und der Fachkenntnisse
D) ...die fachkundliche Prüfung ist nur eine freiwillige Zusatzprüfung zur praktischen Prüfung

Schweißnahtunregelmäßigkeiten

1. Was ist eine innere Schweißnahtunregelmäßigkeit?

A) Nahtüberhöhung
B) Einbrandkerbe
C) Gaskanal
D) Spritzer

2. Was ist eine Oberflächenunregelmäßigkeit?

A) Porennest
B) Wurzelbindefehler
C) Schlackeneinschluss
D) Gaskanal

3. Welche Bewertungsgruppe stellt nach DIN EN ISO 5817 die höchsten Anforderungen an die Schweißverbindung?

A) A
B) B
C) C
D) D

4. In welcher Bewertungsgruppe sind nach ISO 5817 Risse zulässig?

A) B
B) C
C) D
D) in keiner Bewertungsgruppe

5. In welcher Norm sind Grenzwerte für Unregelmäßigkeiten angegeben?

A) DIN EN ISO 5817
B) DIN EN 1991
C) DIN EN ISO 14175
D) DIN EN ISO 9606

6. Naht- und Wurzelüberhöhungen können die Ermüdungsfestigkeit verschlechtern, weil

A) sie das Aussehen ungünstig beeinflussen
B) sie die Kurzzeitfestigkeit verbessern
C) sie als Kerben wirken
D) die Härte des Grundwerkstoffs sinkt

7. Was ist eine innere Unregelmäßigkeit?

A) Wurzelüberhöhung
B) Schlackeneinschluss
C) Zündstelle
D) Endkraterriss

8. Was ist eine Oberflächenunregelmäßigkeit?

A) Lagenbindefehler
B) Porennest
C) Wurzelkerbe
D) fester Einschluss in der Zwischenlage

9. Welche der folgenden Bewertungsgruppen gibt es nach DIN EN ISO 5817 nicht?

A) A
B) B
C) C
D) D

10. In welchen Bewertungsgruppen sind nach DIN EN ISO 5817 ungenügende Wurzeldurchschweißungen unzulässig?

A) in keiner
B) B und C
C) C und D
D) B und D

11. Welche Bewertungsgruppe stellt nach DIN EN ISO 5817 die niedrigsten Anforderungen an die Schweißverbindung?

A) A
B) B
C) C
D) D

12. In welcher Bewertungsgruppe nach DIN EN ISO 5817 sind Bindefehler zulässig?

A) in keiner
B) B
C) C
D) D

13. In welcher Bewertungsgruppe nach DIN EN ISO 5817 sind Endkraterrisse zulässig?

A) in keiner
B) B
C) C
D) D

14. Naht- und Wurzelüberhöhungen wirken als Kerben und beeinflussen dadurch

A) die Ermüdungsfestigkeit des Bauteils
B) die Härte des Bauteils
C) das Gefüge des Grundwerkstoffs
D) die Verformbarkeit des Grundwerkstoffs

15. Wodurch lassen sich unzulässige Unregelmäßigkeiten beim Schweißen vermeiden?

A) durch eine sorgfältige Nahtvorbereitung
B) durch Tragen der Schutzausrüstung
C) Verwendung dünnerer Bleche
D) schnelleres Schweißen

16. Was ist keine Schweißnahtunregelmäßigkeit?

A) Wurzelkerbe
B) Zündstelle
C) Schweißraupe
D) Schweißspritzer

17. Was ist eine äußere Unregelmäßigkeit?

A) Schlackeneinschluss
B) Gaskanal
C) Lagenbindefehler
D) Einbrandkerbe

18. Welche Schweißnahtunregelmäßigkeit wird in der Skizze aufgezeigt?

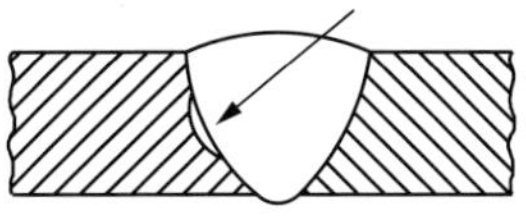

A) Riss
B) Bindefehler
C) Schlacke
D) Pore

19. Welche Schweißnahtunregelmäßigkeit ist bei der Sichtprüfung erkennbar?

A) Lagenbindefehler
B) Einbrandkerben
C) Grobkorngefüge
D) Kristallseigerung

Schweißnahtprüfung

1. Welches dieser Prüfverfahren ist zerstörungsfrei?

A) Farbeindringprüfung
B) Biegeprüfung
C) Zugversuch
D) Kerbschlagbiegeversuch

2. Welches dieser Prüfverfahren ist zerstörungsfrei?

A) Magnetpulverprüfung
B) Biegeprüfung
C) Zugversuch
D) Kerbschlagbiegeversuch

3. Welche Schweißnahtunregelmäßigkeiten lassen sich mit der magnetischen Rissprüfung nicht feststellen?

A) Oberflächenrisse
B) Endkraterrisse
C) Risse knapp unter der Oberfläche
D) Risse im Inneren eine Schweißnaht

4. Welches Prüfverfahren gibt Auskunft über die Verformbarkeit einer Schweißverbindung?

A) Sichtprüfung
B) Farbeindringprüfung
C) Röntgenprüfung
D) Biegeprüfung

5. Wodurch lässt sich die Festigkeit eines Werkstoffs bestimmen?

A) Zugversuch
B) Kerbschlagbiegeversuch
C) Magnetpulverprüfung
D) Ultraschallprüfung

6. Wodurch lässt sich die Zähigkeit eines Werkstoffs bestimmen?

A) Härteprüfung
B) Zugversuch
C) Kerbschlagbiegeversuch
D) Ultraschallprüfung

7. Welches dieser Prüfverfahren ist zerstörend?

A) Farbeindringprüfung
B) Ultraschallprüfung
C) Biegeprüfung
D) Röntgenprüfung

8. Welches dieser Prüfverfahren ist zerstörungsfrei?

A) Zugversuch
B) Kerbschlagbiegeversuch
C) Röntgenprüfung
D) Biegeprüfung

9. Mit welcher Nahtlehre kann die Kehlnahtdicke ungleichschenkliger Kehlnähte bestimmt werden?

A) Schablonenschweißnahtlehre
B) Schweißnahtlehre mit Nonius
C) Schweißnahtfächerlehre
D) Schweißnahtlehre mit drei Skalen

10. Wodurch wird bei der Farbeindringprüfung ein Riss sichtbar?

A) aus dem Riss tretende farbige Flüssigkeit
B) Kopplungsmedium
C) Sammeln von Eisenfeilspänen längs des Risses
D) Schwärzung der Fotoschicht durch den Riss

11. Mit welchem Verfahren kann die Aufhärtung einer Schweißverbindung festgestellt werden?

A) Farbeindringprüfung
B) Biegeprüfung
C) Härteprüfung
D) Zugversuch

12. Welche Aufgabe hat der Kerbschlagbiegeversuch?

A) Biegefestigkeit bei Wurzelkerben feststellen
B) Feststellen, ob der erforderliche Biegewinkel erreicht wurde
C) Kerbempfindlichkeit von Einbrandkerben überprüfen
D) Zähigkeit einer Schweißverbindung überprüfen

13. Wie kann man eine Schweißnaht auf innere Unregelmäßigkeiten prüfen?

A) Farbeindringprüfung
B) Bruchprüfung
C) Sichtprüfung
D) Härteprüfung

14. Was wird bei einer Sichtprüfung beurteilt?

A) Oberflächenunregelmäßigkeiten
B) innere Schweißnahtunregelmäßigkeiten
C) Bruchflächen einer Biegeprobe
D) Bruchflächen einer Kerbschlagbiegeprobe

15. Was wird durch die Bruchprüfung erkennbar?

A) Aufhärtung der Schweißnaht
B) Einbrandkerben
C) zu große Nahtüberhöhung
D) Poren in der Schweißnaht

16. Wie stellt man bei der Druckprüfung Undichtigkeiten im Bauteil fest?

A) Temperaturanstieg im Bauteil
B) Druckanstieg
C) Druckabfall
D) gleich bleibender Druck

17. In welchem Fall ist die Magnetpulverprüfung der Farbeindringprüfung vorzuziehen?

A) Bei Werkstücken aus Aluminium
B) Bei bereits beschliffenen Schweißnähten
C) Bei Unregelmäßigkeiten, die bis an die Oberfläche gehen
D) Bei austenitischem Werkstoff

18. Welche Arten von Schweißnahtunregelmäßigkeiten werden bei der Farbeindringprüfung sichtbar?

A) Risse bis an die Oberfläche
B) Wurzelrückfall
C) Lagenbindefehler
D) Poren in der Fülllage

19. Für welche Werkstoffe eignet sich die Farbeindringprüfung nicht?

A) magnetische Stähle
B) Nichteisenmetalle
C) unmagnetische Stähle
D) poröse Werkstoffe

20. Welche Unregelmäßigkeit kann im Vergleich mit anderen Prüfverfahren am besten mit der Röntgenprüfung festgestellt werden?

A) Schweißspritzer
B) Einbrandkerben
C) Endkraterrisse
D) Poren/Gaskanal

21. Wie können Sie die Versprödung neben einer Naht nachweisen?

A) Mit der Ultraschallprüfung
B) Mit der Härteprüfung
C) Mit dem Baumannabdruck
D) Mit der Durchstrahlungsprüfung

22. Welches Prüfverfahren zeigt Ihnen eine Schweißnahtunregelmäßigkeit an, die etwa 2 mm unter der Oberfläche liegt?

A) Farbeindringverfahren bei gesäuberter Oberfläche
B) Härteprüfung mit einem Pyramidenprüfkörper
C) Magnetische Prüfung, wenn der Riss senkrecht zu den Kraftlinien liegt
D) Ultraschallprüfung, wenn die Unregelmäßigkeit in Richtung der Schallwellen liegt

23. Welches Prüfverfahren kann der Schweißer selbst durchführen?

A) Sichtprüfung
B) Kerbschlagbiegeversuch
C) Zerreißversuch
D) Härteprüfung

24. Welches wichtige Ergebnis bringt der Zugversuch?

A) Angaben über die Druckfestigkeit
B) Angaben über die Zugfestigkeit
C) Angaben über die Biegefestigkeit
D) Angaben über die Knickung

Nahtversagen

1. Warum besteht im Rohrleitungs- und Anlagenbau ein hohes Gefährdungspotential?

A) es werden minderwertige Stahlsorten verwendet
B) im Rohrleitungs- und Anlagenbau arbeiten keine geprüften Schweißer
C) Rohrleitungen enthalten häufig giftige oder explosive Medien
D) starker Konkurrenzdruck zwischen den Bauunternehmen

2. Warum ist verantwortungsbewusstes und sorgfältiges Arbeiten des Schweißers wichtig?

A) bereits durch relativ kleine Schweißfehler können erhebliche Personen- und Sachschäden entstehen
B) um die Schweißgeräte zu schonen
C) um die Anzahl der Arbeitsstunden zu erhöhen
D) wenn Schweißnahtprüfungen durchgeführt werden, muss besonders sorgfältig gearbeitet werden.

3. Warum werden Schweißnahtprüfungen durchgeführt?

A) um die genauen Abmessungen des Bauteils festzustellen
B) um die Korrosionsbeständigkeit der Schweißnaht festzustellen
C) um Schweißfehler festzustellen, die zu Schäden führen könnten
D) um festzustellen, ob der Schweißer schnell genug gearbeitet hat

4. Für wen gilt eine Schweißanweisung?

A) für jeden Schweißer
B) nur für Schweißer ohne gültige Schweißerprüfbescheinigung
C) nur für Mitarbeiter mit schweißtechnischen Grundkenntnissen
D) nur für Mitarbeiter ohne schweißtechnische Kenntnisse

5. Was tun Sie, wenn Sie einen Fehler in einer Schweißanweisung feststellen?

A) Schweißanweisungen enthalten grundsätzlich keine Fehler
B) Schweißanweisung berichtigen
C) Schweißaufsichtsperson informieren und weitere Anweisungen abwarten
D) Schweißanweisung selbst korrigieren und entsprechend schweißen

6. Welche Voraussetzungen müssen erfüllt sein, um eine gute Schweißnahtqualität zu erreichen?

A) hohe Stromstärke und hohe Spannung einstellen
B) sorgfältige Schweißnahtvorbereitung und Geräteeinstellung
C) hochlegierte Stähle und Feinkornstähle verwenden
D) nur neues Schweißgerät und moderne Elektroden verwenden

7. Was bedeutet die Produkthaftung für den Hersteller eines geschweißten Bauteils?

A) der Hersteller haftet für alle Schäden, die durch sein fehlerhaftes Bauteil verursacht werden
B) das Bauteil hat eine Lebensdauer von mindestens 10 Jahren
C) für das Bauteil wird keinerlei Gewährleistung übernommen
D) Reibungskoeffizient zwischen dem geschweißten Bauteil und der Stellfläche

8. Welche Aussage zur Schweißnahtprüfung ist richtig?

A) mit Schweißnahtprüfungen lassen sich alle Fehler einer Naht auffinden
B) unter Zeitdruck spielt die Schweißnahtprüfung eine untergeordnete Rolle
C) mit Schweißnahtprüfungen lassen sich <u>nicht</u> alle Fehler feststellen
D) wenn der Schweißer die Naht geprüft hat, ist keine weitere Untersuchung mehr erforderlich

9. Auf welche typischen Schweißnahtunregelmäßigkeiten hat der Schweißer keinen Einfluss?

A) zu großer Kantenversatz durch falsche Nahtvorbereitung
B) Porenbildung durch fehlenden Windschutz
C) Fehler durch Verwendung eines nicht schweißgeeigneten Stahles gemäß Schweißanweisung
D) nicht durchgeschweißte Naht (Wurzel nicht erfasst)

10. Kann ein Mitarbeiter für Schäden verantwortlich gemacht werden, die durch ihn verursacht wurden?

A) nein, da immer nur der Geschäftsführer haftet
B) nein, da hierfür die Qualitätssicherung verantwortlich ist
C) ja, der Mitarbeiter haftet für alle Schäden
D) ja, wenn grobe Fahrlässigkeit oder Vorsatz nachweisbar ist

Schmelzschweißprozesse im Überblick

1. Welches Schmelzschweißverfahren hat die geringste Abschmelzleistung?

A) Gasschmelzschweißen (311)
B) Lichtbogenhandschweißen (111)
C) Metall-Schutzgasschweißen (13)
D) Unterpulverschweißen (12)

2. Für welche Aufgabe ist die Lichtbogenhandschweißung besonders geeignet?

A) Schweißen von unlegierten und legierten Stählen, Blechen, Profilen und Rohren ab 3 mm in allen Schweißpositionen.
B) Schweißen von Kupfer und Kupferlegierungen in allen Blechdicken und Schweißpositionen.
C) Schweißen von Aluminium und Aluminiumlegierungen in allen Schweißpositionen.
D) Schweißen von unlegierten und legierten Stählen kleiner 3 mm Materialdicke in allen Schweißpositionen.

3. Woraus besteht eine Metallschutzgasschweißanlage?

A) Transformator, Schweißstromkabel und Elektrodenhalter
B) Schweißstromquelle, Schutzgasversorgung, Drahtförder-einrichtung, Steuereinheit und Schlauchpaket mit Schweiß-brenner
C) Schweißstromquelle, Pulvertrichter, Schweißpulver, Fahr-werk, Steuergerät, Elektrodenspule
D) Schweißstromquelle, Schweißstromleitung, Schweißbrenner, Wolframelektrode, Schutzgasversorgung.

4. Die Wolfram-Inertgasschweißung ist besonders geeignet für:

A) die Schweißung von Gusseisenwerkstoffen
B) die Schweißung von Werkstoffen mit Materialdicken kleiner 0,5 mm
C) unlegierte u. legierte Stähle, Aluminium, Kupfer, Titan, Nickelwerkstoffe und andere Nichteisenmetalle in allen Schweißpositionen
D) die Schweißarbeiten von unlegierte, legierten Stählen und Aluminium unter Baustellenbedingungen.

5. Wofür wird die UP-Schweißung eingesetzt?

A) besonders im Brückenbau in steigenden Positionen.
B) zur Schweißung an Dünnblechen mit hohen Schweißge-schwindigkeiten.
C) an Bauteilen wo geringe Abschmelzleistungen und Ein-brandtiefen erforderlich sind.
D) in waagerechter Schweißposition bei großen Schweißnaht-längen und Wanddicken ab 8 mm.

6. Bei welchem Schmelzschweißprozess schmilzt die Elektrode nicht ab?

A) Metall-Inertgasschweißen (MIG)
B) Wolfram-Inertgasschweißen (WIG)
C) Metall-Aktivgasschweißen (MAG)
D) Lichtbogenhandschweißen (E)

7. Bei welchen Werkstoffdicken ist das Gasschweißen wirtschaftlich einsetzbar?

A) bis 0,5 mm
B) bis 6 mm
C) über 8 mm
D) über 10 mm

8. Welche maximale Flammentemperatur wird in der Ar-beitszone beim Gasschweißen erreicht?

A) 1100° C
B) 2500° C
C) 2700° C
D) 3200° C

9. Wie wird beim Lichtbogenhandschweißen das Schweiß-bad vor Sauerstoff und Stickstoff der Luft geschützt?

A) Durch optimale Absaugung.
B) Durch Erhöhung der Schweißbadtemperatur.
C) Durch Verbrennung von Sauerstoff und Stickstoff.
D) Durch Bildung von Gasen und Schlacke aus der Elektrode-numhüllung.

10. An welcher Stelle wird beim MSG-Schweißen der Schweißstrom auf den Schweißdraht übertragen?

A) In der Drahtführungsspirale.
B) In der Schweißstromquelle.
C) Unmittelbar über dem Lichtbogen am Stromkontaktrohr.
D) An den Drahtvorschubrollen.

11. Was kennzeichnet eine Fülldrahtelektrode?

A) Die Oberfläche des Drahtes ist immer verkupfert.
B) Die Fülldrahtelektrode besitzt eine besonders große Steifig-keit.
C) Die Fülldrahtelektrode ist nicht geeignet zum Schweißen unter Baustellenbedingungen.
D) Der Rohrmantel besteht aus dem Metall, das Innere ist mit Pulver gefüllt.

12. Wie wird der Schweißzusatz beim Wolfram-Inertgasschweißen zugeführt?

A) Er wird von Hand in den Lichtbogen geführt.
B) Er wird von einem Vorschubgerät gleichmäßig zugeführt.
C) Die Elektrode schmilzt beim Schweißprozess ab.
D) Es wird immer ohne Zusatzwerkstoff geschweißt.

13. Welche Kennzahl steht für das Lichtbogenhandschweißen?

A) 311
B) 111
C) 15
D) 14

14. Was kennzeichnet das Plasmaschweißen?

A) Die große Streuung des Lichtbogens.
B) Die gute Schweißbarkeit von Blechen größer 20 mm.
C) Eine stark eingeschnürte Lichtbogensäule mit hoher Energiedichte.
D) Schweißen ohne Schutzgas ist möglich.

15. Welche Beschreibung trifft für das UP-Schweißen zu?

A) Ein Schutzgas sorgt für den sicheren Schutz des Lichtbogens.
B) Bei der Verbrennung der Kernstabummantelung entstehen Schutzgase und Schlacke.
C) Die Flamme schützt sicher das Schmelzbad vor Sauerstoff und Stickstoff.
D) Der Lichtbogen brennt unsichtbar unter Pulver zwischen einer Drahtelektrode und dem Werkstück.

16. Welche Aufgabe hat das Schutzgas beim Wolfram-Inertgasschweißen?

A) Temperatur im Lichtbogen zu reduzieren
B) Schweißbad und Wolframelektrode gegen Luftzutritt zu schützen
C) Spritzerbildung zu verhindern
D) Den Lichtbogen mit Brenngas zu versorgen

17. Mit welchem Schweißprozess kann man die höchste Schweißgeschwindigkeit in Wannenlage (PA) an einem dicken Werkstück erzielen?

A) Lichtbogenhandschweißen
B) Wolfram-Inertgasschweißen
C) Unterpulverschweißen
D) Gasschweißen

18. Welcher Schweißprozess ist <u>nicht</u> in allen Schweißpositionen einsetzbar?

A) Unterpulverschweißen
B) Widerstandspunktschweißen
C) Metall-Aktivgasschweißen
D) Wolfram-Inertgasschweißen

19. Welches ist ein Schutzgasschweißprozess?

A) Gasschweißen
B) Wolfram-Inertgasschweißen
C) Widerstandspunktschweißen
D) Unterpulverschweißen

20. Welcher Prozess arbeitet mit einer <u>nicht</u> abschmelzenden Elektrode?

A) Gasschweißen
B) Wolfram-Inertgasschweißen
C) Unterpulverschweißen
D) Löten

21. Welcher Schweißprozess arbeitet mit verdecktem Lichtbogen?

A) Unterpulverschweißen
B) Widerstandspunktschweißen
C) Wolfram-Inertgasschweißen
D) Metall-Schutzgasschweißen

22. Welcher Schweißprozess ist für die Schweißposition PF (steigend) ungeeignet?

A) Unterpulverschweißen
B) Metall-Aktivgasschweißen
C) Lichtbogenhandschweißen
D) Wolfram-Inertgasschweißen

23. Welcher Schweißprozess ermöglicht die größte Abschmelzleistung in kg/h?

A) Metall-Aktivgasschweißen
B) Wolfram-Inertgasschweißen
C) Lichtbogenhandschweißen
D) Gasschweißen

24. Welcher Schweißprozess hat normalerweise die geringste Abschmelzleistung in kg/h?

A) WIG
B) MIG
C) E
D) MAG

25. Bei welchem Schweißprozess brennt kein Lichtbogen?

A) Wolfram-Inertgasschweißen
B) Metall-Aktivgasschweißen
C) Gasschweißen
D) Metall-Inertgasschweißen

26. Welcher der genannten Prozesse ist ein Schmelzschweißprozess?

A) Gaspressschweißen
B) Lichtbogenpressschweißen
C) Widerstandspunktschweißen
D) Metall-Schutzgasschweißen

27. Für welche Schweißpositionen eignet sich das Lichtbogenhandschweißen?

A) Für alle Schweißpositionen
B) Alle Schweißpositionen außer fallend (PG)
C) Nur für Wannen- (PA) und Horizontalposition (PB)
D) Für Wannen-, Steig- und Horizontalposition (PA, PB und PF)

28. Welcher Schweißprozess benötigt eine Drahtfördereinrichtung?

A) Metall-Schutzgasschweißen
B) Gasschweißen
C) Wolfram-Schutzgasschweißen
D) Widerstandspunktschweißen

29. Für welchen Schweißprozess verwendet man Drahtelektroden?

A) Widerstandspunktschweißen
B) WIG-Schweißen
C) Lichtbogenhandschweißen
D) MIG/MAG-Schweißen

30. In welchem Werkstückdickenbereich ist das Gasschweißen wirtschaftlich einsetzbar?

A) Unter 0,1 mm
B) 0,1 bis 0,5 mm
C) 1,0 bis 6 mm
D) 7,0 bis 20 mm

Qualitätssicherung beim Schweißen

1. Aus wieviel Teilen besteht die DIN EN ISO 3834 „Schweißtechnische Qualitätsanforderungen – Schmelzschweißen metallischer Werkstoffe“?

A) 2
B) 3
C) 4
D) 5

2. Nach welcher Norm muss ein Schweißer qualifiziert sein?

A) nach DIN EN ISO 14175
B) nach DIN EN ISO 9606
C) nach DIN EN 6909
D) nach DIN EN ISO 14731

3. Welche der folgenden Aussagen trifft nicht zu: Mit einem Qualitätsmanagement kann man...

A) ...eine einwandfreie schweißtechnische Fertigung sicherstellen
B) ...Quellen möglicher Schwierigkeiten bei der Fertigung erkennen
C) ...Qualität in ein schweißtechnisches Erzeugnis hineinprüfen
D) ...die zuverlässige Funktion geschweißter Bauteile im Betrieb gewährleisten

4. In welcher Norm werden die Qualifikationsanforderungen an die Schweißaufsicht beschrieben?

A) DIN 18 000
B) DIN EN ISO 14731
C) DIN EN 12345
D) DIN EN ISO 3834

5. Nach DIN EN ISO 9000:2000 handelt es sich beim Schweißen um

A) einen partiellen Prozess
B) einen schweren Prozess
C) einen speziellen Prozess
D) einen kurzen Prozess

6. Wer übernimmt nach DIN EN ISO 14731 beim Schweißen die Verantwortung für die Schweißtechnik und alle damit verbundenen Tätigkeiten?

A) der Schweißer
B) der Bediener
C) der Schweißlehrer
D) die Schweißaufsicht

7. Wozu benötigt man eine Qualitätssicherung?

A) um die Produktion zu beschleunigen
B) um eine einwandfreie Fertigung sicherzustellen
C) um den Umsatz zu steigern
D) um Arbeitsplätze einzusparen

8. Welche Bedingung muss nach DIN EN ISO 3834 bei der Ausführung von schweißtechnischen Arbeiten erfüllt sein?

A) es muss ein schriftlicher Auftrag vom Hersteller vorhanden sein
B) der Schweißer muss geeignete und gültige Schweißerprüfungen nachweisen
C) der Schweißer muss unter 55 Jahre alt sein
D) der Schweißer muss keine Erfahrung haben

9. Die DIN EN ISO 3834 besteht aus 5 Teilen. Welcher Teil gehört nicht dazu?

A) Extreme Qualitätsanforderungen
B) Umfassende Qualitätsanforderungen
C) Standard-Qualitätsanforderungen
D) Elementar-Qualitätsanforderungen

10. Was spielt beim Schweißen keine Rolle?

A) Die Handfertigkeit des Schweißers
B) Die Schlagfertigkeit des Schweißers
C) Eine ausreichende Qualifizierung des Schweißers
D) Die Wahl geeigneter Fertigungseinrichtungen

11. Wozu sind in DIN EN ISO 3834 (Schweißtechnische Qualitätsanforderungen) keine Aussagen enthalten?

A) Fertigungseinrichtungen
B) Lohnkosten
C) Schweißanweisungen
D) Anerkennung von Schweißverfahren

12. Wodurch können bei der Qualitätssicherung Probleme auftreten?

A) unqualifiziertes Schweißfachpersonal
B) umfassende Dokumentation
C) Einhalten von Schweißanweisungen
D) richtige Werkstoffauswahl

13. Worauf hat der Fertigungsprozess „Schweißen" entscheidenden Einfluss?

A) Vergütung des Schweißers
B) Kosten und Qualität des Erzeugnisses
C) Qualifizierungsstufe des Schweißers
D) Zeitdauer bis zur Schweißer-Wiederholungsprüfung

Normung

1. Wie lange ist eine Norm gültig?

A) 5 Jahre
B) 10 Jahre
C) bis sie zurückgezogen wird
D) für immer

2. Eine Norm mit der Bezeichnung „ISO..." gilt

A) nur in Deutschland
B) nur in Europa
C) nur in Amerika
D) weltweit

3. Welcher der folgenden Begriffe bezeichnet eine Norm?

A) DGUV-Regel 100-500
B) S235
C) DVS 1133
D) DIN EN ISO 14175

4. Wer erarbeitet Normen?

A) Abgeordnete im Bundestag
B) Abgeordnete im Landtag
C) Experten in Normenausschüssen
D) Industriebetriebe

5. Was bedeutet DIN?

A) deutsch-internationale Normung
B) deutsches Institut für Normung
C) deutsches Institut für Nahtvorbereitung
D) dauerhaftes Institut für Normen

6. Was ist eine Norm?

A) eine Bedienungsanleitung für eine Maschine
B) ein Gesetz, das für Schweißer gilt
C) eine schriftliche Vereinbarung mit technischen Daten
D) eine Zusammenstellung von Merksätzen

7. Welche Aussage über Normen ist richtig?

A) die Einhaltung von Normen ist freiwillig
B) Normen gewährleisten, dass Produkte ihren Zweck erfüllen
C) Normen sind immer nur in einem Land gültig
D) Normen kann jedes Unternehmen veröffentlichen

Notizen

Notizen

Lösungen

Schweißprozesse

Nutzung der Elektrizität beim Lichtbogenschweißen

1. B	5. C	9. A	13. B
2. A	6. A	10. B	14. A
3. C	7. C	11. D	15. A
4. C	8. C	12. B	

Schweißgeräte, Zubehör

1. D	7. C	13. B	19. D
2. B	8. B	14. D	20. A
3. C	9. A	15. D	21. C
4. D	10. B	16. B	
5. A	11. D	17. A	
6. B	12. B	18. C	

Metall-Schutzgasschweißen

1. B	24. A	47. C	70. C
2. D	25. D	48. B	71. D
3. B	26. A	49. C	72. C
4. B	27. D	50. B	73. A
5. B	28. A	51. C	74. C
6. B	29. C	52. A	75. C
7. A	30. A	53. A	76. A
8. C	31. D	54. A	77. D
9. D	32. A	55. D	78. C
10. D	33. C	56. A	79. C
11. A	34. C	57. C	80. A
12. B	35. C	58. C	81. A
13. C	36. D	59. B	82. A
14. B	37. B	60. B	83. D
15. C	38. C	61. C	84. D
16. D	39. B	62. D	
17. B	40. C	63. A	
18. D	41. A	64. A	
19. A	42. A	65. A	
20. A	43. C	66. B	
21. B	44. D	67. C	
22. C	45. A	68. B	
23. A	46. D	69. A	

Wolfram-Inertgasschweißen

1. A	14. A	27. B	40. C
2. C	15. A	28. D	41. B
3. A	16. D	29. B	42. D
4. C	17. B	30. A	43. C
5. B	18. B	31. A	44. B
6. C	19. B	32. A	
7. C	20. D	33. D	
8. A	21. C	34. C	
9. C	22. A	35. C	
10. C	23. D	36. C	
11. D	24. A	37. C	
12. A	25. C	38. A	
13. A	26. C	39. D	

Lichtbogenhandschweißen

1. C	9. A	17. A	25. B
2. B	10. A	18. B	26. D
3. C	11. B	19. A	27. B
4. D	12. C	20. C	28. D
5. C	13. B	21. C	29. B
6. A	14. A	22. B	30. B
7. B	15. B	23. C	
8. B	16. B	24. D	

Gasschweißen

1. A	17. B	33. A	49. B
2. B	18. B	34. D	50. D
3. D	19. A	35. A	51. D
4. C	20. C	36. D	52. B
5. D	21. D	37. A	53. C
6. A	22. A	38. D	54. A
7. C	23. B	39. D	55. A
8. B	24. C	40. C	56. C
9. A	25. B	41. C	57. A
10. B	26. D	42. C	58. A
11. C	27. C	43. C	
12. D	28. A	44. B	
13. A	29. B	45. C	
14. C	30. C	46. C	
15. A	31. D	47. C	
16. C	32. C	48. D	

Lösungen

Einführung in die Stahlkunde

1. C	5. B	9. D	13. A
2. D	6. C	10. C	
3. B	7. C	11. C	
4. C	8. A	12. D	

Schweißeignung von Stählen

1. A	5. C	9. C	13. C
2. A	6. D	10. C	14. A
3. C	7. A	11. C	
4. D	8. D	12. A	

Weitere Werkstoffe

Warmfeste Stähle

1. D	3. C	5. A	7. A
2. B	4. D	6. C	

Korrosionsbeständige Stähle

1. A	5. A	9. B	13. B
2. A	6. C	10. C	14. C
3. D	7. C	11. B	15. C
4. B	8. D	12. C	16. C

Aluminiumwerkstoffe

1. A	5. D	9. D	13. D
2. A	6. C	10. D	14. A
3. C	7. B	11. B	
4. A	8. A	12. D	

Kupferwerkstoffe

1. C	4. C	7. C	10. B
2. B	5. A	8. B	
3. D	6. B	9. C	

Schweißzusätze und Hilfsstoffe

1. C	6. A	11. C	16. C
2. B	7. C	12. B	17. B
3. C	8. D	13. D	18. C
4. B	9. A	14. C	
5. D	10. B	15. A	

Schweißzusätze Metall-Schutzgasschweißen

1. B	8. B	15. A	22. C
2. C	9. D	16. D	23. A
3. C	10. B	17. A	24. A
4. B	11. D	18. C	
5. C	12. A	19. D	
6. B	13. D	20. C	
7. C	14. D	21. C	

Schweißzusätze Wolfram-Inertgasschweißen

1. D	5. D	9. D	13. B
2. B	6. A	10. A	14. A
3. C	7. B	11. B	15. B
4. A	8. C	12. B	

Schweißzusätze Lichtbogenhandschweißen

1. B	8. C	15. C	22. D
2. B	9. A	16. A	23. C
3. A	10. C	17. C	24. D
4. B	11. C	18. A	25. A
5. B	12. C	19. C	26. D
6. A	13. B	20. A	
7. B	14. B	21. D	

Schweißzusätze Gasschweißen

1. B	6. D	11. B	16. C
2. B	7. B	12. D	
3. A	8. C	13. D	
4. A	9. B	14. A	
5. A	10. C	15. D	

Arbeitssicherheit

Arbeitssicherheit, Unfallverhütung

1. A	6. B	11. C	16. A
2. B	7. A	12. C	17. B
3. C	8. D	13. A	18. A
4. D	9. D	14. C	
5. B	10. C	15. B	

Arbeitssicherheit im Fertigungsbetrieb

1. C	**14.** C	**27.** B	**40.** A
2. D	**15.** C	**28.** C	**41.** C
3. B	**16.** C	**29.** D	**42.** A
4. B	**17.** D	**30.** D	**43.** B
5. D	**18.** B	**31.** D	**44.** C
6. B	**19.** C	**32.** B	**45.** B
7. D	**20.** D	**33.** D	
8. B	**21.** A	**34.** D	
9. C	**22.** C	**35.** A	
10. B	**23.** A	**36.** D	
11. B	**24.** D	**37.** B	
12. C	**25.** A	**38.** C	
13. A	**26.** D	**39.** C	

Arbeitssicherheit auf der Baustelle

1. C	**5.** B	**9.** C	**13.** B
2. D	**6.** C	**10.** D	**14.** C
3. B	**7.** D	**11.** A	**15.** D
4. A	**8.** B	**12.** C	**16.** B

Arbeitssicherheit Metall-Schutzgasschweißen

1. C	**5.** C	**9.** A	**13.** A
2. A	**6.** C	**10.** D	**14.** A
3. A	**7.** B	**11.** D	
4. D	**8.** D	**12.** B	

Arbeitssicherheit Wolfram-Inertgasschweißen

1. C	**4.** D	**7.** C	**10.** B
2. C	**5.** C	**8.** A	
3. A	**6.** A	**9.** B	

Arbeitssicherheit Lichtbogenhandschweißen

1. B	**4.** D	**7.** C	**10.** A
2. C	**5.** C	**8.** C	**11.** D
3. A	**6.** C	**9.** C	**12.** C

Arbeitssicherheit Gasschweißen

1. D	**6.** C	**11.** D	**16.** D
2. B	**7.** D	**12.** A	**17.** B
3. B	**8.** C	**13.** D	
4. C	**9.** B	**14.** C	
5. C	**10.** B	**15.** A	

Nahtvorbereitung

Methoden zur Nahtvorbereitung

1. C	**10.** A	**19.** A	**28.** B
2. A	**11.** B	**20.** D	**29.** A
3. C	**12.** D	**21.** D	**30.** D
4. D	**13.** A	**22.** B	**31.** B
5. C	**14.** B	**23.** C	**32.** C
6. B	**15.** C	**24.** B	
7. D	**16.** D	**25.** D	
8. A	**17.** C	**26.** C	
9. C	**18.** C	**27.** A	

Schweißstöße an Blechen

1. C	**7.** D	**13.** C	**19.** C
2. C	**8.** B	**14.** C	**20.** B
3. A	**9.** C	**15.** B	**21.** B
4. A	**10.** C	**16.** B	
5. D	**11.** D	**17.** D	
6. C	**12.** D	**18.** B	

Schrumpfung, Spannung, Verzug

1. C	**10.** D	**19.** A	**28.** D
2. C	**11.** B	**20.** C	**29.** D
3. C	**12.** D	**21.** D	**30.** B
4. C	**13.** A	**22.** A	**31.** A
5. C	**14.** A	**23.** B	**32.** C
6. D	**15.** A	**24.** C	
7. B	**16.** C	**25.** C	
8. A	**17.** C	**26.** B	
9. A	**18.** A	**27.** A	

Schweißnähte an Rohren

1. A	**5.** C	**9.** B	**13.** A
2. C	**6.** C	**10.** C	**14.** C
3. C	**7.** A	**11.** A	
4. C	**8.** B	**12.** D	

Lösungen

Arbeitstechnik

Arbeitstechnik beim Schweißen

1. D	12. D	23. B	34. D
2. A	13. B	24. A	35. A
3. C	14. C	25. C	36. A
4. D	15. C	26. C	37. D
5. C	16. C	27. A	38. B
6. D	17. C	28. B	39. D
7. B	18. C	29. C	40. C
8. A	19. A	30. C	41. A
9. B	20. B	31. B	42. B
10. C	21. C	32. B	
11. B	22. A	33. D	

Schweißerprüfung nach DIN EN ISO 9606-1

1. C	8. -	15. C	22. A
2. A	9. D	16. A	23. A
3. D	10. B	17. C	24. A
4. C	11. A	18. B	25. B
5. B	12. D	19. D	26. C
6. A	13. D	20. A	27. C
7. C	14. C	21. C	

Schweißnahtunregelmäßigkeiten

1. C	7. B	13. A	19. B
2. B	8. C	14. A	
3. B	9. A	15. A	
4. D	10. B	16. C	
5. A	11. D	17. D	
6. C	12. A	18. B	

Schweißnahtprüfung

1. A	8. C	15. D	22. C
2. A	9. C	16. C	23. A
3. D	10. A	17. B	24. B
4. D	11. C	18. A	
5. A	12. D	19. D	
6. C	13. B	20. D	
7. C	14. A	21. B	

Nahtversagen

1. C	4. A	7. A	10. D
2. A	5. C	8. C	
3. C	6. B	9. C	

Schmelzschweißprozesse im Überblick

1. A	9. D	17. C	25. C
2. A	10. C	18. A	26. D
3. B	11. D	19. B	27. A
4. C	12. A	20. B	28. A
5. D	13. B	21. A	29. D
6. B	14. C	22. A	30. C
7. B	15. D	23. A	
8. D	16. B	24. A	

Qualitätssicherung beim Schweißen

1. D	5. C	9. A	13. B
2. B	6. D	10. B	
3. C	7. B	11. B	
4. D	8. B	12. A	

Normung

1. C	3. D	5. B	7. B
2. D	4. C	6. C	